10kg →   ← 13kg

Mikey's Baby Diary

你家的**豬**隊友會比我的**神**嗎?

爆笑娘的厭世育兒日誌

Mikey 著

(倔強手帳)

野人

作者序

每本書都好像自己的微型自傳，寫完文具店店員的故事，馬不停蹄來記錄雙寶媽的生活。我工作的文具店是下午開店到晚上，回到家約九點半，週末生意最好當然要開店上班。回到家小孩差不多就要睡了，與小孩的相處時間非常零碎。生下妹妹後，不忍看老公晚上一打二，我毅然決然離開了文具店的工作。經過多方思考，以小孩為重的前提下，我選擇了最自由的工作－經營網路商店。自由的工作型態讓我可以準時接小孩、獲得晚餐後的相處時光、不用跟老闆請假就可以帶小孩去打預防針、小孩身體不適可以親自照顧、下課也可以有時間一起去公園，而且，我也終於有週末家庭日這件事了。至今，離開文具店的工作也一年多了，在這些日子裡，一家四口的關係更加緊密，翻白眼的機率也更多啦…（誤）

這本書記錄了我從結婚到懷孕、生產、育兒的生活。身為女人，人生中的重大事件與轉折差不多就在這本書裡面了。

結婚──女人會被莫名其妙的傳統逼迫加入另一個家庭。

懷孕──踏踏實實地感受肚子裡正孕育著一個生命，是非常奇幻的旅程。

生產——每個人不可逆的悲壯經歷，我只能說這是我生命中最爆笑的一刻。

育兒嘛…這條路還很長，我期許自己能夠一直開開心心地陪伴兩個女兒長大。至於別人的兒子（神豬級的那位）永遠都是最難教的，我在這邊先宣告放棄。

生活的酸甜苦辣，也許親自經歷的人才懂。但我希望把我的生活用這種方式分享給你，能讓你更有勇氣帶著微笑面對人生每個階段。過程中，多半都是好笑的事情、翻個白眼就可以過去的事情。也許有時候會有負面的情緒，但現在回憶起來也只是噴笑而已。能夠笑著畫出這些生活白眼事件簿，並不是我獨有的能力。我在認識神豬級隊友後才發現，很多令人發火的事情用另一個角度看就會不小心笑出來啦。此時也許你正在懷孕、也許你正在待產、也許你跟我一樣是雙寶媽、也許你也擁有神豬級的隊友…請相信下一步，未知但美好。

——Mikey

Contents
目次

Part **07** 神豬隊友育兒術

Part **08** 給媽媽們的悄悄話

Part 01

什麼！我是媽媽了！

1　訂婚結婚速成班

　　多數的少女，對於結婚多少都會有自己的想像，而且從求婚這一步就開始作夢。我認為求婚的浪漫程度至少要有偶像劇的十分之一…不！我老公是木頭，我重新評估一下…我希望至少有偶像劇的百分之一，嗯，不對不對，千分之一好了。

　　如果人生都會按照我想的那樣走，就不好玩了。事實證明，千分之一是我想太多了。在寫懷孕和育兒的故事之前，我不得不把這則血淋淋的民間故事跟大家分享。

　　不知道大家還記不記得，在 2016 年的 1 月 24 日，台灣居然莫名其妙地出現非高山也下雪的狀況。這種異相肯定是有極大的冤情啊！是的，這天是我的訂婚日，冤情就發生在我身上！大人～（擊鼓鳴冤 ING）沒有告白、沒有求婚、莫名其妙跟男方家人去「拜拜」，就這樣閃電完成訂婚、結婚。過程超靠北，居然還是沒有分手，連自己身分證配偶欄怎麼換新的都不知道啊啊啊啊啊啊～總歸一句，這段愛情怎麼開始、怎麼結束，我都不知道啊！大人～

　　為了家庭和樂，本篇無法提起那九千九百九十九萬個以上的婚禮靠北記事。希望有機會能以匿名的方式寫一本靠北結婚的書。

某天，累得要死的下班後，
未來的公婆開車來接我
準備一起回家…不，是濟公廟!!

工作累嗎？
爸媽在做什麼？
有兄弟姊妹？
怎麼認識？

沒有更尷尬於。

傳說中的濟公廟，
隱藏於一般民宅頂樓加蓋。

一般人根本不會知道
這裡有個神壇。

婆婆

等等濟公問你什麼
你就要大聲回答！

不然祂會生氣。

好。

我到底是
誤入了什麼…

always
淡定

11

不久，濟公出現了，秀一些踩火之類的特技。
然後正式開始。

這是我人生中第一次
看到起乩的畫面。
不論信與不信，
至少我是不舒服的。

婆婆說要大聲。嗯。

經過一番問話，
濟公安靜了。

always→ 淡定。

當感情被信仰壓制

有點生氣，
但必需忍下來。
此地不宜發癲風。

佛 對啦！
那個△○×%★口
週年前趕快訂婚呀。

濟公的一句話成為催婚令

蛤!?

欸，喝酒阿北!
現在11月了捏!!
開玩笑嗎!!

酒後亂說什麼啦!!

訂婚啊...

認真籌備 訂婚事宜 ← M爸

M媽 → 不敢相信女兒嫁掉了

訂婚倒數 21個月

對於突如其來的訂婚日期，我爸媽完全呈現不同態度。
兩位準新人沒料到
一場破壞感情的戰爭即將開始。

中 場 休 息

濟公邊喝酒邊吃花生，搖頭晃腦，扇子搧到我看了很煩躁。原本以為祂就是講一些「要彼此尊重」、「要和樂相處」之類的瞎話而已…蝦毀呀！沒想到一開始就出大絕了！我從一個行情看漲的少女瞬間變成哀怨準人妻。

不久，我發現我的眼角開始泛淚。不確定是驚嚇過度亦或是香灰煙霧瀰漫造成的，我只能非常肯定告訴你：不是感動的淚水。相信我，再會演「好媳婦」還是當場連一點假的幸福粉紅色泡泡都飄不出來。求婚這件事已經默默消失在香灰煙霧中…

Mikey's Baby Diary

忙碌的12月

拍婚紗

5小時完成!

挑喜餅

這個!
鎖定老店
進門市後
10分鐘
搞定!

挑宴客服

\隨便啦!/
能看
就好。

印喜帖

大紅大金系列
長輩最愛唯一正解

買婚戒

老闆,要戴
哪一指啊?!

製作成長MV

自己來!

選婚攝、新秘

就你了!
有緣就好。
←5分鐘
決定!

臉部保養

那是啥?
能吃嗎?
←直接放棄

宴客場地
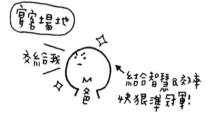
交給我
←結合智慧良效率
快狠準冠軍!
M爸

總之，
我們訂婚了。
那天，台灣
連平地也下雪...
肯定有寃情！

雪地夫妻

訂婚之後，
M爸同意我們同居，
因此我們進入了
老夫老妻的生活。

如果可以的話，
我們很希望
沒有4月要結婚
的這件麻煩事。

大人總是強調
婚禮簡單就好。

簡單就好!!

簡單。

簡單個屁。

好... 好...

到底怎樣!

麻煩死了!

但通常說要簡單的人
總是意見最多啊!!!
到底哪裡簡單啦!!!

哼!

哼!

準新人只好
吵架·吵架·再吵架
為了不是彼此的事在吵。
（通常是因為捍衛自己家人）

洋芋片好吃!

YEAH!

POTATO CHIPS

乾什麼跟什麼

終於,我們成功了!
雖然在結婚這關一直吵架,
但還是打贏大魔王,破關了!!

11月	1月	4月
滑公催婚	訂婚	結婚

Part
01

18

2 傳說中的那兩條線

經這傢伙常讓人緊張兮兮，尤其在經期前後那種要來不來、欲擒故縱的心理遊戲真的是超級煩。沒有避孕之後，我處於隨時都會成為媽媽的狀態，對於月經的日期更是特別注意，深怕自己錯過了受精卵的任何一個成長時刻（到底是…？）

成為一位媽媽之前，先成為一位驗孕棒大戶是必須的。早上驗、晚上驗、驗孕試紙要驗、驗孕筆要驗、驗孕盤也要試試，藥妝店各品牌都用用看，在店員補貨補到手軟之前…終於，兩條線依然是眷顧我的。我‧懷。孕‧了 !!!

「老公！你看！兩條線耶！你要當爸爸了 !!!」

才剛說完，只見老公眼眶泛淚，默默地將老婆擁入懷中，然後笑著。老公聲音有點顫抖，眼淚這時候也緩緩滴了下來：「老婆，我要當爸爸了嗎…真的嗎…太開心了…」老婆微笑看著自己的肚子，覺得現在是人生中最幸福的時刻之一。

OK，各位，進廣告，以上都只是電視劇的畫面。
一直以來，別人的老公從來都不會讓人失望的。

1月底訂婚後
我一直在等
下一次的月經
但是...
沒來

不會吧!
一次就中嗎!

這樣老公會
太誇張!

嗯...

等一等...

是不是...

驗個孕...

沒有告訴老公月經沒來的事,
自己先一堆小劇場。

於是,決定買驗孕棒
來終止自己的猜測。

??

有一條線!!

啊!

什麼意思!

驚。

然後,當晚月經就來了。這就是人生。

哦!

浪費我
一百多塊!

HELLO!

催經界
第一把交椅

下個月也是神經兮兮的。

天啊!
不孕嗎?

有了嗎?

要驗嗎?
→ 不想
浪費錢。

結果...
又去買了一個
~~驗孕棒~~
催經神器!! ----→ 但還是沒來。

一條線!

沒中啊!

退錢!!!

欸!說好的催經呢?!
也沒來月經!也沒懷孕啊!

竇娥上身

← 無辜的
驗孕棒。

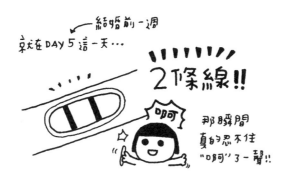

← 結婚前一週

就在 DAY 5 這一天…

2條線!!

啊

那瞬間
真的忍不住
"啊"了一聲!!

過了幾秒才回過神
感動得哭了。

BABY～

我愛你喔!

根本沒月子
是在擠什麼…

咦! 剩下的驗孕棒
又浪費了! 吼唷!!

人格分裂

受精卵表示: 媽媽怪怪的…

中 場 休 息

以前就聽說過驗孕棒是史上最強的催經聖品,在此強力推薦給所有還在等待月經來的朋友們,因為用在我身上也是超靈驗啊。不信邪的人可以試試看,買驗孕棒的那天,月經就會帶有一點諷刺又ㄎㄧㄤㄎㄧㄤ的奸笑到來。月經根本就是驗孕棒廠商派來亂的啊!如果當天月經還是沒有來,只能說恭喜老爺賀喜夫人啦,準備跟我一樣驗到有兩條線為止吧～(誤)

知道自己懷孕後，就很期待老公的反應。
在網路上看過很多溫馨感人的影片啊 ♡♡♡

不知道
老公會怎樣

第一次就要
告訴他好消息!

我想，老公可能會…

幻想 **1** 開心外顯型

我要當
爸爸啦!!!

興奮得在家裡
跑來跑去～
跳來跳去～

幻想 **2**
貼心暖男型

立刻將老婆升級，
並將自己降為奴僕。
嘴巴甜到不行!

老婆～♡♡♡

幫你按摩!

先坐吧!
累不累!

感動♡

(抱)

幻想 **3** 情感內斂型

(淚)

一句話都說不出來，
狂流淚，深情望著老婆。

猛抽衛生紙

Part
01

26

終於，換老公接受驚喜了 ♡♡♡

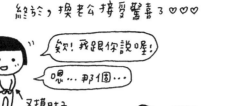

欸! 我跟你說喔!

嗯... 那個...

扭《
捏 ← 又摸肚子

哈?!
怎麼了!

吃得 →
正起勁

POTATO
CHIPS

← 玩得
正起勁

我·懷·孕·了!

• 一語不發 •

• 空氣凝結 •

要哭了嗎! 是嗎!

停格。

POTATO
CHIPS

5秒後...

擁抱呢?
眼淚呢?

POTATO
CHIPS

喔。是喔。

是喔。是喔。
是喔。是喔。是喔。

嗯，好吧。人很多種。
我老公是這種 --→

是喔。

3 神奇的第一張超音波照片

知道自己懷孕的那天起，每天想到肚子裡有小生命都是感動、感動和感動。不過懷孕前期，肚子不會明顯隆起，在他開始胎動踢我之前，其實BABY沒什麼存在感，我能感受到BABY的唯一途徑就是超音波照片。從醫生手中得到第一張超音波之後，我開始跟照片日夜相處，過一下子就想拿出來再看看他，好像可以透過那張小小的照片確定他真的存在我的子宮裡。

懷孕後，最喜歡耍廢了。（是嗎？趕快承認懷孕前也…）誇張程度大概是：如果可以用背躺在沙發上，我絕對不會想要用屁股坐。就在此時，登愣！出現神奇超音波！它除了讓人照三餐拿出來看之外，一向懶惰的準媽媽還因為這張超音波動了起來，遠離沙發為BABY做了許多事。像是收集超音波照片，剪貼寫成寶寶成長日記之類的苦差事，我也甘之如飴、邊剪貼邊笑。

購物頻道通常都會這麼誇大其詞跟你說神奇效果，不過我得很老實告訴你，這種神奇效果僅限第一胎。第二胎的超音波照片如果不是隨手丟進包包裡被擠壓爛掉，就是被我亂夾在哪裡不見了。叫我拿出日記本寫一下寶寶的事，我還不如趕快把姊結的奶瓶洗好、玩具收好。

總之，我現在還真的拿不出半張第二胎的超音波…
妹莓表示：…。

得知自己肚子裡有個小生命後，
就迫不及待先到婦產科確認。

BABY啊啊
媽媽要看你囉！

第一胎總是
小心翼翼。

但第二胎嘛...
(懶)

TOYS

收玩具ing

10週再去
看一下
就好了吧！

第一胎的第一張超音波讓人又驚又喜

醫生

很好喔！
著床在對的位置！
現在0.5公分

0.5!!!!
哇!!好小喔!!

謝
謝♡

醫
生

來，這張
給你的！

嗯... 這到底是...

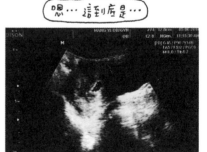

第一次看到
超音波
的那一刻...

這是?!
得星雲圖嗎？

BABY呢？看嘸！

雖然對於超音波有看沒有懂，但從這天開始，

大大的照片成為三不五時就握在手中的準媽咪護身符。

除此之外，媽咪還因為這張超音波而忙碌。

★ 來去護貝 ★

老闆，
我要護貝!!

呃…好…
這張是嗎?

★ 來去買相框 ★

就是這個!
好可愛喔!
擺房間吧!

BABY

★ 來去影印 ★

攀氣象的咔?

影印店

我想想喔…
先印個5份好了。
應該夠吧!

錢包
床頭
手機夾層
客廳桌
貼手帳

一張超音波
(衛星雲圖?)
讓人瘋狂愛上。
常常能看到
媽咪自言自語。

好可愛喔!
♥愛笑♥
愛笑

那個阿姨
跟照片說話!

好羅的人…

走了走了!
別看了!

在看
寶寶照片?

小姐!
照胃鏡吧!

關於這張照片的魔力
旁人完全一頭霧水…

可愛?
哪裡?

看嘛嘛!
颱風要來喔?

但媽咪覺得
♥好可愛唷♥

有時候,從情絲裡跳出來,
會突然…

…..

這三小…

ok! 原來牛娘
一直都在跟
衛星雲圖說話。

從粉紅
泡泡之中
清醒。

不過,想起醫生所說的話,要得到下一張超音波並沒有那麼快…

醫生

8週再回來聽心跳,

12週再回來領媽媽手冊!

還有好久喔!

BABY長什麼樣子,住在怎樣的地方,都只能靠手上這張去想像…

那只好,請你繼續當媽咪的護身符一陣子囉!

我…

角落獨自畫圈圈ing

乖!啾一個!

← 病入膏肓的媽咪

中場休息

第一張超音波照片老實說根本看不到什麼,衛星雲圖這個形容真的很貼切啦。一片黑壓壓的中間一個白點就是BABY,根本就像颱風中心的颱風眼(只是剛好黑白相反)。各位,請答應我,如果在路邊看到跟衛星雲圖微笑的女人,千萬不要竊笑,請尊重她強烈大噴發的母愛好嗎?!

33

4　還沒三個月當然不能說

以前就聽過這個恐怖的都市傳說：如果懷孕還沒滿三個月就告訴別人，小孩子恐怕會流掉。懷孕後的我，應該說是懷孕後的每個準媽媽，一定都有猶豫過公布懷孕消息的時間點，甚至查詢了網路上的各種分享，然後嚇得趕快把自己嘴巴縫上。

「我同事昨天告訴大家懷孕的消息，今天就哭哭啼啼來上班，說是流掉了…」
「真的，真的，我朋友上星期聚會才給我們看超音波照片，結果今天就聽說沒有心跳了耶。」
這種可怕的分享，根本讓孕婦整天被嚇，不能好好的享受懷孕時光啊。

我是出了名的快樂瘋癲孕婦，對於懷孕這件事情非常享受與珍惜。在面對公不公布懷孕的事情上，絕對不會把那些可怕的故事放在心上困擾自己、讓自己陷入痛苦的泥沼。翹腳喝杯飲料、聽個音樂、翻翻媽媽手冊，手冊裡有哪一句告訴你三個月內不能說的蛤！哪裡？基本上，你選擇了這位醫生、拿了手冊，就應該相信醫生所說、並相信手上這本閃閃發亮的本子所寫的。太多資訊只會讓腦袋爆炸外加重度憂鬱而已。想說就說、不想說就不要說，這是孕婦的自由，讓我們一起捍衛孕婦的快樂！（握拳）
不過如果你問我，未滿三個月說不說呢？
嘿！當然不說啊！（喂～前面說那麼多是怎樣…）

準媽咪有很多課題，第一個就是…

還沒3個月
不能說嗎？

心住會內傷 →

說 VS 不說

WHY?

我要當媽媽啦!

奔跑

(搗)

親友 親友 親友 !!!

不!不行!
趕快吞回去!

程天都在要說與不說間徘徊。
只好請問一下萬能的google大神啦!

啊!

什麼!!

`3個月內不能說` 🔍

結果正反兩派說法都很多，
還獲得一個胎神的傳說…

35

據說，胎神就在你旁邊
　　　圍繞著、守護著BABY。

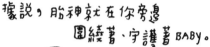

大家都說
祂很大氣

呃，HELLO!
初次見面，
你好阿。

（尷尬）

當你告訴別人懷孕喜訊，
　　胎神就會不爽。

哼
呿了

又是一個
走漏消息的
臭傢伙！

你看！
超音波！

恭喜妳啊！

胎神一不爽，就會讓小孩消失。

孩子
沒有了...

流掉了...

啊就跟你搜
這樣是衝撞胎神！

你不聽啊！
你看吧！
鐵齒偷唄！

不過，我是不會信這種事的。

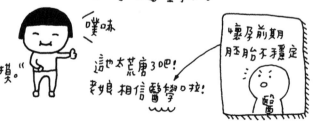

撲味

摸"

這也太荒唐了吧！
老娘相信醫學呐！

懷孕前期
胚胎不穩定

中 場 休 息

剛好我弟也跟我差不多時間結婚，所以我們的蜜月旅行是兩對夫妻一起出發的，計劃飛到菲律賓的愛妮島去放空一週。我心裡一直惦記著要飛出去，怎麼可以因為懷孕毀了這個美好的海島假期咧！但是每位孕婦狀況不同，我出發前當然有趁產檢時詢問醫生，我的醫生有夠阿莎力：「當然去啊！浮潛好啊！多游泳！」雖然我不會游泳，但是有了醫生這席話，原本有點擔心的老公也沒話說了。海島蜜月我來啦～

39

那個吼…
懷孕就不要去了啦！
坐飛機很累啦！
玩水也不要啦！

說了的話，
只能去淡水蜜月吧！

阿給！
魚酥！
射氣球！

崩潰男子

我的海上浮潛啊！
（泳裝辣妹）
↑↑↑
男生心中唯一正解

YEAH!

後來，我們沒說，
順利完成蜜月。

爽爽的OB啊！

浮潛的
孕婦

在海島超享受的！

比基尼

超
好
吃
！

狂吃芒果的
孕婦媽咪

謎之音 FROM 台灣
↓↓↓

吼！
芒果你
不能吃!!

蜜月回來之後，
我們告訴了家人。

爸，媽，
你們要當
阿公阿嬤了!

預產期
元旦喔!

整顆心都
留在海邊。

恭喜啊!

升格!升格!

婆婆　公公　M爸　M媽

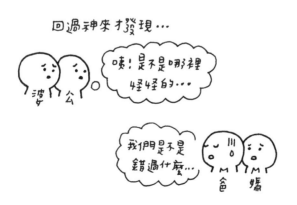

回過神來才發現...

唉!是不是哪裡
怪怪的...

婆　公

我們是不是
錯過什麼...

M爸　M媽

奉勸各位準媽咪

三個月內，
其實可以說，
旁人也才知道
需要幫忙的地方。

THANKS!
我幫你揹！
同事

吃冰旅行樣樣來。

再來一碗!
冰

但，親人的部分，晚點說可以自由一下。
只是自己會內傷而已。
好想說...

Part 02

去婦產科宛如走灶腳

1　孕婦不得不經過的天堂路

　　多從發現懷孕、拿到媽媽手冊一直到生產，媽媽必須經過多次產檢。從一開始一兩個月一次，到後來每週一次，媽媽的產檢大多是滿心喜悅，期待看到肚子裡的寶寶。但我必須老實說，並不是每一次都那麼地溫馨感人充滿粉紅色泡泡。

大家以為媽媽到了婦產科就是躺在床上照超音波看寶寶而已嗎？不!! 其實健保給付超音波只有一次啊，我們大多是在跑一些檢查流程，以及和醫生諜對諜。（誤）

例行的檢查比較簡單，像是：驗尿。但光是這簡單的一件事，孕婦的腦永遠記不住。當自己發現一到婦產科就必須立刻擠出一泡尿，但自己三分鐘前才在醫院樓下尿完了的時候，恨不得可以時間倒轉，把馬桶裡的尿吸回來。但我們通常只能選擇再閒晃個十分鐘，馬上生產一泡尿。不要太驚訝、不要太慌張，膀胱被壓迫的媽媽每十分鐘尿一泡尿真的不會太奇怪。

例行檢查幾乎都像驗尿一樣是小 CASE，感覺應該輕鬆容易，很快就完成了啊。錯！有些週數會有特殊的檢查，而且還會穿插一些自費的檢查。每次產檢從進婦產科到離開婦產科大門，平均花我兩個

小時不誇張，五個小時也有過。這篇就讓我來揭密媽媽產檢到底在做什麼，為什麼要拿～魔～久～!!孕婦在婦產科經過的天堂路雖然不像海軍陸戰隊一樣裸身爬過碎石子，但真的也很折磨了…

從驗孕、聽心跳開始，
婦產科成了準媽咪定時報到的地方。

咦?!
明天!!

明天又可以看BABY0拉!
開心!

嗯嗯，
現在每4週
要產檢。

以後會
愈來愈密集唷!

媽媽
手冊
♡

產檢

這麼多次的
產前檢查
都在做什麼呢?

不過，想要生下一個寶寶可沒這麼容易！
就像海軍陸戰隊結訓的天堂路，
孕婦也得經過一番考驗!!

第一關卡

喝糖水

OK啦！
我是含糖
飲料達人!!
手搖杯天后!!

自以為
再甜都可以。

不過，醫生交給我的糖水
卻不是我想像的那種⋯
（難不成還想加珍珠嗎小姐!!）

是高濃度的
注射液!!

注射液 50%
注射液 50%
注射液 50%

說好的半糖少冰
加珍珠呢?⋯

這是?!
平常打點滴、
打針從血管，
現在直接喝!!!

47

中 場 休 息

我算是幸運的，喝糖水一次就過關了。我老弟的水某因為喝糖水沒過，又再度喝了第二次。我光用想的就無接受那些高濃度注射液再度經過我的舌尖、我的喉嚨、我的胃！好吧，其實喝第二次還不算慘，最慘的是第二次也沒有過，我弟媳被確定是妊娠糖尿病。她從此開始悲慘的飲食人生，每一餐拍照記錄證明自己真的低澱粉。看到麵包只能狂吞口水，騙自己說麵包是很臭的食物這樣。

49

‖我們成功了‖

??

寶寶！我們抽血
已經完成了！一起
撐過超級粗針，
好棒啊！沒事了！

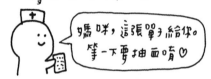

沒料到下次的產檢，
護理人員超瀟灑地說…

媽咪，這張單子給你。
等一下要抽血唷♡

晴・天・霹・靂・

什麼!!!
到底要抽幾次，
到底要抽多少，
血一次都給你好了。

第三關卡
大魔王!!

耐力

這一關真的是本人覺得最痛苦的。
(趕快承認本來就沒耐性!!)
從第一次產檢開始,就是等待×99999…

才看到5號啊…
我37號耶…

等待中的孕婦們

樂。

喝個果汁
吃個豆花
再回去看看…

WHAT!!
才12號!

不然…
再吃個
甜不辣吧!

吃完再
回去看看…

算了
在這裡
等吧。

候診區的低頭族大軍
靠著對BABY的愛撐著♡♡♡

每跳一次號都是一個希望⋯
和失望。

終於跳到我的號碼了!

經過了短暫問診後,
護理人員說…

好囉!媽咪你…
等一下先去排隊超音波,
然後抽號碼牌批價,
批完價照上面號碼排隊領藥,
最後你再回來插一次矢看結果。(落落長)

好…
…喔…

於是,我就聽話先去照超音波了。

13

人超多!!

228

呃… 不然
先去批價好了…

← 超音波
號碼牌。

批價   領藥

對了,照超音波時,
寶寶姿勢不好也是
需要等他換個好姿勢。

不看了
可不可以

絕
望
娘
。

53

2　貴森森的自費產檢項目

聽人家說生個小孩很花錢，但現實是，還沒生出來就在花錢了啦。

健保給付十次產檢，我們的確是沒花到什麼錢。但是除了基本檢查外，有些是需要自費的產檢項目：像是初期唐氏症篩檢、中期唐氏症篩檢、X染色體脆折症候群、羊膜穿刺（或選擇做NIPS非侵入性唐氏症篩檢）、脊椎性肌肉萎縮症基因篩檢（SMA）、妊娠桃尿病篩檢、高層次超音波檢查、乙型鏈球菌篩檢…自費檢查介紹和說明都落落長，讓孕婦看到眼花撩亂，上網查別人的檢查經驗更是增加整件事情的混亂程度。

看了很多資料，搞得自己頭昏腦脹，到底要檢查、不檢查、要檢查、不檢查，玫瑰花瓣一瓣一瓣快被拔光了。來來來～姐（？）告訴你，這些根本不用考慮，只能大聲決定「好，我要自費檢查！」像是跟唐式症有關的篩檢，怎麼可能不檢查，讓自己面對生下唐寶寶的風險呢？照顧唐寶寶所需要的花費比產檢費用高多了啊。另外，像是SMA也是一定要檢查的，雖然夫妻外表都看不出來，仍有可能生出漸凍人寶寶，誰敢承擔這個風險…總歸一句，也就是本篇的至重點金句──「健康最重要」。

OK，既然決定了，接下來就要看淡世間的一切，不要被金錢物質給迷惑，最好是隱居山林將錢視為身外之物。婦產科結帳的時候，不要看著底下的總金額，你所看到的一切都是自己眼睛業障重。鈔票噴出去時不要表露任何情緒，他們真的只是幾張藍藍的紙而已。

對了，最重要的是，遇到有自費產檢的時候，記得請老公陪同產檢，然後請老公去批價～（挑眉）

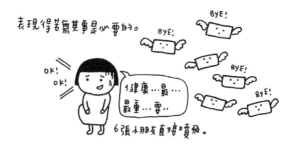

不久後，因為自己害怕羊膜穿刺，
所以找到了一種非侵入性的NIPS。

喔！這種只
需要抽血耶！

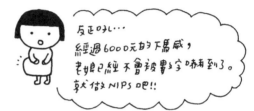

反正吼…
經過6000元的下馬威，
老娘已經不會被數字嚇有到了。
就做NIPS吧！！

你好，
今天是產檢嗎？

我想做NIPS

哇！
環境超好！

好奇地跑到禾馨去做NIPS
第一次踏進這種超舒服的婦產科。

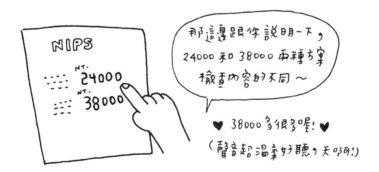

NIPS

NT. 24000
NT. 38000

那這邊跟你說明一下，
24000 和 38000 兩種方案
檢查內容的不同～

♥ 38000 多很多喔！♥
（聲音超溫柔好聽，天啊！）

57

說好不再被數字嚇到的。

24000　38000
做基本的吧!　健康最重要:
應該...吧!　要檢查就全檢查!
(跪。

那個...
我想我還是
選24000的...
● 月薪 BYE～
● 旅行 BYE～

健康最重要
這句話已經消失在14000價差中。

後來到13診做高層次的週數,
二話不說又打電話到手醫預約。

喔!才4700啊啊!
那就週三吧!
嗯,BYEBYE!

(因為環境實在
太舒服了孕婦開心!)

"才4700而已"
狀態顯示價值觀已崩壞。

高層次可以看到
寶寶,而且可以看
到內臟那些的。
我划算啦!!

喔!

看我內臟...

中 場 休 息

反正人生中就懷孕這麼一兩次嘛！←總是這樣告訴自己。

每聽完一次產檢費用，就對數字再麻木一次。幾千來幾千去的，真的已經沒什麼感覺了啊。讓我們一起昇華到另一種境界，認真唸著：富貴於我如浮雲、富貴於我如浮雲、富貴於我如浮雲…唸三次之後，如果錢沒有浮起來，那就是我們浮起來了（誤）

3 救命！我出狀況了！

了產檢以外，會自己直奔婦產科就是身體出狀況或是準備要生啦！

肚子裡的小寶貝對媽媽來說就是身上的一塊肉，發生一點小狀況都不行。孕婦在孕期超容易為身體的任何變化緊張，倒不是緊張自己怎麼了，而是擔心小 BABY 怎麼了。為了小狀況緊張兮兮跑婦產科，我相信當過媽媽的人都是可以理解的。

我自己也飛奔前往婦產科兩次過，一次是出血，一次是宮縮。兩次在前往婦產科的路上，我頻頻 google 相關的資訊，然後在還沒聽醫生的診斷之前先被網路資訊嚇死。在計程車上的心情已經夠忐忑的了，再加上網路那些寶寶一直流掉的經驗談，讓人已經忘記原本想要迅速前往婦產科的這件事，反而是陷入茫茫的資訊海中爬不出來。如果司機沒告訴我到了，我還真的會一直滑手機到沒電為止。

對了，以上狀態只適用於第一胎。第二胎的時候，媽媽除了陣痛和破水會警戒一下，其他身體狀況都完全看淡。我在第二胎時持續每天兩三滴的出血，一直到三個月才停，但是絲毫沒有要緊張衝醫院的意思（淡定媽就是我）。產檢時沒問題，我就相信 BABY 沒問

Part
02

題。另外，對於因為超緊張而google其他人懷孕經驗來投射到自
己身上的這個行為，次數是零，真的是零，不要懷疑。

照顧大寶都沒空了誰還跟你google啦！

除了例行產檢之外，
準媽咪還是有自己衝婦產科
或緊張兮兮掛急診的時候。

急診

如夢啊！

人生啊！

就在某天，
上到班到一半，

啊呵！

突然覺得不對勁…

懷孕不是
不會有月經嗎?!

雖然月期會有
比較多的分泌物，
但這感覺…

怎麼濕濕的…

也太濕了吧。

是昨天婆媳大戰
太過激動嗎！

一到廁所看看，
發現護墊上滿滿的血！

是誰？

是誰讓本宮
吃了麝香和紅花!!!

命案現場

本宮必查個
水落石出！

可是，娘娘…

不是應該
快傳太醫嗎?!

不用了！
本宮自有辦法

所謂的辦法…
還不是只能…

TAXI

雙和醫院！
謝謝！

(老公在上班中)

★媽媽手冊與健保卡要隨身帶著喔！

在計程車上完全無法冷靜，瘋狂 google！

蝦變！

流你×的啦流產！

（抖）

到了婦產科，馬上說明了情形。

？

醫生

李賓就是
被見達人設計
吃了麝香啊!!

BABY
很好喔!

♥太好了了♥

醫生照了超音波，
同時也進行內診。
得知寶寶沒事時，
真的比中樂透開心！

內診也沒有問題！
回家吃藥多休息！

\\ 謝謝! //

還有一次，已經28週大肚狀態，
我在上班時 遇到手帳大量到貨。

好多
呵呵

時效品要趕快
整理上架！

文具店就是
要比快！

一直到快下班時，
又感覺到…

呵呵！
濕濕的。

滿坑
滿谷
整理不完

撐下去撐下去！
快下班了！

後來，
寫縮更明顯了

縮 縮 縮

BABY，
媽媽下班了！

那…回家後
再看看好了。

到家後一看，發現不是出血，而是透明果凍狀…

這!!
這是…!?

難道是我最
愛吃的荔枝
口味果凍?!(誤)

雖然不想 google
但這的確是最快
浮現在腦中的方法。

要…要生了…

他X的，我才28週而已！

(才斗)

看到這種google結果，
嚇尿到直奔醫院。

急 診
EMERGENCY DEPARTMENT

人生呵…
老公聚餐中

65

那天，在醫院躺了一整晚。不能動超痛苦!!

迅速
趕到現場 →

欸!網路上寫說...

← 監測胎心音

我想吃鹽酥雞。
我想逛夜市。
我要去買手搖杯。

早上，醫生放我出院了!
拿著一包抑制宮縮的藥，我‧自‧由‧了!

耶了! 外面的
空氣真棒啊!

好吧!其實是自以為自由了，
從這天起，停止了工作，
開始安胎一陣子當宅宅。

google很方便，但是不要嚇自己啦!

→ 找醫生就對了!

不確定時
可以call out
婦產科詢問

哎喲威!
太可怕!

欸!感覺
胎兒隨時
都會死啊!

吃兩顆薏仁也會死。

就在兩人滑手機滑得正起勁時…

SORRY，懷孕後比較常提起他人的老爹老母。

中 場 休 息

話說…每次孕婦出狀況的時候都是老公剛好不在身邊的時候，到底是什麼奇怪的巧合啦！！！

自己已經夠緊張了，還要想辦法壓抑自己的情緒，冷靜準備一下必須的東西，然後站在路邊淡定向計程車招手。←千萬不能露出「對，我等一下可能會把小孩生在你車上。」的那種慌張神情。孕婦難為啊！老公請出來面對！

67

4　我的醫生金促咪

我覺得懷孕是一場夢幻又奇妙的旅程，除了家人朋友的支持之外，醫生在旅程中的角色也非常重要。他無可取代，所有醫學專業的部分，只能相信他。因此找一位讓自己信服又舒服的醫生是孕婦重要的功課，不然產檢要一直遇到醫生啊。

我弟媳的醫生是聖保祿醫院的戴醫師，屬於會跟孕婦講非常多話、說很多細節的醫生，據說每次看診都滿久的，密切關注體重的增減，而且會外加許多小叮嚀。這種醫生可能不適合我，但卻非常適合我弟媳。他讓我弟媳在懷孕過程中有一個可靠的醫學訊息中心，每次產檢有個可以讓她發問100題的對象。無形中，讓孕婦可以很有信心去面對自己的孕期。

我的醫生則是雙和醫院張醫師，因為病人滿多的，所以通常是只說重點的旋風式問診，短時間給孕婦滿滿的信心。對於我這種樂天派孕婦來說，有醫生中氣十足的一句「很好！沒問題！」就可以自由自在快樂的生活著，完全不會想再細問關於寶寶的事。反正醫生說很好，嗯，那就是很好！如果家人對醫生提出了什麼莫名其妙的問題，醫生也會幽默回應，絕對力挺孕婦各項自由！

醫生百百款，一定要找到適合自己的那一款。我的醫生支持我蜜月旅行照常、繼續享受生活、吃自己想吃的東西。他讓我笑著產檢、笑著生產、笑著產後回診，不過…看完這篇你就知道，我最後是驚嚇逃出診間的…（笑）

說到懷孕的事，我一定要提一下老張！

張

醫生

要開心順利完成生產，一位適合自己的醫生是很重要的！

除了一些特別的檢查或緊急的就醫，我的產檢都是双和醫院的張醫師!!以下簡稱老張（有人准你這樣叫嗎!?）

我是屬於百無禁忌又不揖十節的孕婦，很幸運剛好選到了樂觀又阿莎力的老張。

+ = 快樂孕期保證!

我愛老張 **1**
永遠可以擋住
任何對孕婦
不合理的限制
！！！！！

醫生:我想問…
我們可以去潛水嗎?
搭飛機呢?
吃芒果?
按摩?
"舉手
問不完。

去呀!當然去!
有機會多游泳啊!
孕婦又不是病人,
都可以啊!
張

我…
醫生啊,你看看
她這樣是不是太瘦啦!?
啊你自己
還是很瘦。
完勝
媽 生了三胎卻是
45kg的婦女
張

欸…媽…
肉類的是是
少吃一點啊!?
飲食
要均衡!
正常吃!
正常吃!
媽 M
張
二勝〇敗

我愛老張 **2**

不是溫柔跟你
噓寒問暖
是真的關心你!!

其實我是很害怕遇到
過於熱情或溫柔問候
的那種人。

嗨,有睡好嗎?
BABY很活潑呀!

呃…
嗨…

老張的問診永遠是
簡單講重點 不囉嗦。
(除非自己提問,否則3分鐘就可以結束)

好, 沒問題的話,
下次來做超音,
OK!!

張

我去過3家婦產科
和双和醫院超音波室,
每次檢查完都是自己爬起生
或是慢慢爬起來…

HELP…

只有老張看診時
會扶我坐起來。

貼
心

我愛老張 3

笑不管體重了，
包包裡到底裝了
什麼那麼重!?

網路上一堆孕婦
都超害怕一件事：
"量體重"

不過，我從來
沒有被關切過。

44kg → 60kg **UP**

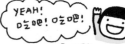

YEAH!
吃吧! 吃吧!

孕期開心的主因。

BUT!!

老張卻每次都關切
我身上背的東西。

你揹什麼!?
這麼大袋!

張

喔...我帶了
水杯和芭樂

還有筆記和阿
外套啊...

欸! 水果是拿來吃的!
不是拿來揹的!

張

喔...

完全無法反駁→

其實，老張不只有管孕婦的包包...

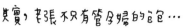

怎麼了，是BABY
怎麼了嗎？

那是
什麼？

媽媽腳邊放了一大堆
等大要提到我家的東西。

我媽常常會
帶一些材料的
讓我吃得
超級滿足！
燉一鍋雞湯之類...

ㄟㄟ這個呀！
我想說帶一些東西
給女兒補一下呀！

大包小包

如果你要帶這
麼多，就用行李箱
或是推車籃啦！

也是呀！
重死了

認真CARE婦女們的行重
大於婦女們的體重

73

之後，我跟我媽
只要準備去双和產檢
都會特別注意~~體重~~ !!
包包重量

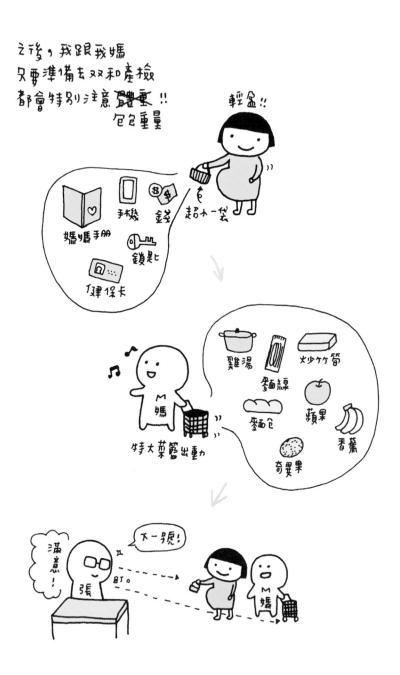

輕盈 !!

媽媽手冊　手機　錢　超大一袋
鎖匙
健保卡

雞湯　炒竹筍
麵線
麵包　蘋果　香蕉
奇異果

特大菜籃出重力

滿意 !　下一號！
張　即。

雖然我很愛老張，
不過在生完第二胎的產後回診時，
他說了一句讓我頭皮發麻双腿發軟的話。

內診中…

你復厚
狀況很
不錯!

双腿打開檢查
對於生完兩胎的我
根本一件事!

月經來過之後，
就可以再生了。

我・不・要!

不要不要!
2胎就好!
希望老公去結紮。

結紮…
很難哦!

男生結紮的比例
真的很少很少。

謝謝你!

準備落跑

哈哈哈,放心啦!
你會再來找我產檢的!

自信一百!!

你會再來找我產檢～
你會再來找我產檢～
你會再來找我產檢～

WHAT

停格

ㄋㄋㄋ...

中 場 休 息

找個適合自己的醫師真的不是一件容易的事啊，那我是如何跟張醫師配對成功（喂～不是啦。）的呢？能夠遇到張醫師其實是個巧合，因為我懷第一胎當時就住在雙和醫院附近，第一次到雙和只是隨便掛號去驗個孕，結果一試成主顧，懷第二胎時雖然已經搬家了，但每次還是搭公車去找張醫師產檢。

Part **03**

樂天派孕婦日常

1 這是胎動還是小孩暴動

在我媽媽那個年代，還沒三十歲就應該完成了結婚生子這件事。現在社會普遍晚婚，我覺得我已經算是很早結婚懷孕的了。嗯…年紀嘛…我今年…剛滿十八。(加十五)雖然已經算是很早懷孕了，仍然還是有超車在前的朋友。

對於胎動這件事情，在我還是單身少女時就有聽朋友說起。她總是很幸福地笑著跟我分享，然後說寶寶很可愛，會一直在肚子裡面翻滾。有時候右邊凸一塊、有時候左邊凸一塊，有時候整個肚子會像肚皮舞那樣一直波浪起伏。我看著她幸福的臉，就很想真的去感覺一下胎動，可是每當我把手或臉靠近朋友的肚子，寶寶就好像被催眠一樣，3、2、1～立刻睡著，任憑我怎樣呼喊也不動一下啊！

直到自己懷孕了才知道，喔～原來是這樣的感覺啊！一下踢這邊、一下踢那邊，跆拳道不夠的話，空手道也一起來。有時候攻擊一下媽咪的內臟和骨頭，有時候頂到媽咪肚子凸一大塊，面對這樣國手級的選手，國家不好好栽培真是可惜。

話說回來…我朋友到底是怎麼擠出幸福笑容的，請。出。來。面。對！

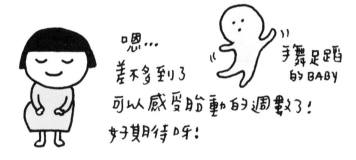

嗯…
差不多到了
可以感受胎動的週數了!
好期待喔!

手舞足蹈
的BABY

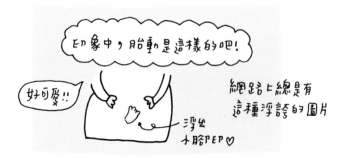

就是那麼準時!
在20週當天,胎動來了!
(雖然我還有點疑惑)

嗯!!這個感覺!!

一陣騷動。

要形容這感覺的話…

大概像是
從高處倒一顆布丁
進我肚子

晃。

像是海底的
鯨魚翻身

像是花枝沒咬爛
就滑進喉嚨·食道

呃呵!

OK! 讓我們忘掉老公的部分。

過一陣子,我就確定
那是真真實實的胎動了!
因為三不五時就會出現一次。

★ BABY在打嗝

本來以為是BABY的心跳,
很規律地跳一下跳一下。
後來才知道,
原來是在打嗝啊啊!

超萌的!

★ BABY在運動

肚子常常凸凸的一球
動來動去滑行～
是在溜滑梯嗎?

★ BABY大翻身

凸超大一塊在一邊
肚子整個歪掉～

喂!
歪了啦!

自從有了胎動,
每天都很期待。
那是媽媽和寶寶的秘密,
別人完全無法感受到的唷!

快點!
動一下吧!

踢

直到26週左右,
有一次在睡夢中驚醒。

家暴專線
幾號?!

痛死了啦!叫!!
是那麼大,是地震嗎!!

你不睡!
老娘想睡!

非

從此BABY習慣
在半夜練跆拳道。

久而久之,
媽媽練就了…

隨便你。
我睡我的!

沒事,一定是我肚皮感覺神經業障重。

天天被拳打腳踢
也怡然自得。

謝謝

客人

上班中

這本是
你剛剛
在問的。

踢

被踢也面不改色

家聚中。

怡然自得。

來!來!都來!

右勾拳

左勾拳

無影腳

迴旋踢

在此宣導一下

113
婦幼保護
專線

可是有一天
我真的忍不住飆出…

怡然你個頭!
自得你個鵰!

(媽媽…胎教…)

痛痛痛
痛痛痛

腹中胎兒暴動

下一秒寶寶奮力一踢!

耶!

F❤CK

痛痛痛!

溫馨小關心

85

正在等公車的我
瞬間無法動彈。

空氣,也凝結了。

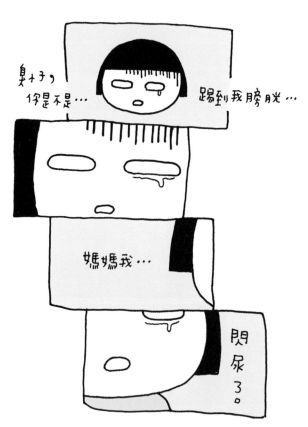

身子,
你是不是…
踢到我膀胱…

媽媽我…

閃尿了。

外面依然車水馬龍,公車來了又走。
只有我的時間暫停了很久…

好吧,回家換褲子再上班。

中 場 休 息

江湖上真的很多傳說，有此一說：寶寶的胎動很難拍到。我看到這個傳說的時候，真心覺得很誇張。我肚子裡的寶寶三不五時都在動啊，吃飯也動、睡覺也動、走路也動…你就在他動的時候拍下來就好了嘛！

後來，自己要拍胎動影片跟家人分享的時候才知道：「天啊！寶寶根本偶像包袱！看到手機對著他，他就停止胎動了！屢試不爽！」為了拍到影片，一場媽咪與寶寶的諜對諜遊戲就此展開！經過一番努力，跆拳道國手級寶寶的胎動，我居然只拍到有如心跳那樣跳一下的畫面…

本人在這裡先恭喜有拍到明顯胎動影片的媽咪們，小的佩服佩服。

2　孕婦各種生活禁忌扯翻天

成為一名孕婦之後，會獲得來自婆婆媽媽阿姨嬸嬸，各方強烈又炙熱的「關心」。不僅止於是熟識的親人喔，連在等公車的時候、搭捷運的時候、吃路邊攤的時候，都會有路人等級的婆婆媽媽阿姨嬸嬸對我發射愛的光波。

有一次在家附近的八方雲集吃麵，順道叫了幾樣小菜（孕婦的食量大概要三樣小菜），印象很深刻的是當老闆娘把我點的燙蘿蔔端上桌時，隔壁桌大嬸說話了：「小姐，安捏不好啦，我跟你講，蘿蔔很冷，你不要吃。沾醬油也不好。」「還有我剛剛看你在滑手機吼，那個電磁波，對小孩子不好啦。」

再分享一個是來自我老媽的關心。某天我媽媽看到櫃子上放著一把剪刀，剪刀還一副剛用過的樣子。「你吼！房間裡不要用剪刀啦！」我環顧一下四周，嗯？房間？我們租屋處沒有幾房幾廳，就是一個小套房啊…就是…整個都是房間啊…可以跑到廁所去剪嗎（攤手）沒錯，孕婦的生活中處處都是這樣的愛，根本多到滿出來了喔～揪咪～！

Part
03

因為從古至今不知道是誰，一直不斷累積著各種危言聳聽的孕婦禁忌！小到芒果不能吃、醬油不能碰、剪刀不能拿，大到不能搬家、不能參加婚喪喜慶這類的事。我還聽過孕婦不能坐在孕婦旁邊、屬虎的人不能進孕婦房間，這簡直比扯鈴還扯啊！

所有屬虎的老公表示：…

大家都知道，孕期有很多禁忌。
如果你不知道，那在你公布懷孕消息後，
就會有一堆婆婆媽媽嬸嬸阿姨告訴你。

A

欸,你听!要聽話!
千萬不能去搭飛機啦!
租不租道!!

B

隔壁那個妹妹咧,
就是不聽老人言啦!
去參加婚禮就流產了!

C

像衣服啦、褲子啦!
要補就給我縫!
你不可以拿針啦!

碰到ABCD甲乙丙丁
全部都跑來「關心」
的時候,該怎麼辦呢。
信不信? 聽不聽?

不可以參加喜宴

我跟你講啦，所有喜事都不要碰。禮車、新娘房、喜餅、紅包、喝喜酒…

不能吃的喜餅

不能碰到紅包

紅包

那… 那… 朋友、親人結婚咧?!

很簡單啊，阿你就打電話祝他幸福啊！

揮手

你才幸福，你全家都幸福!!!

不行!再這樣下去,我什麼事都不用做了!

為了避免成為生活廢人我決定來破除禁忌!!

禁忌

可惡可惡!哪來的禁忌!

HAPPY! HAPPY! 快樂面對批禁忌!

1 HAPPY

YEAH! 寫手帳囉!

剪剪貼貼ing

這是剪刀喔! 我沒有用剪刀! 這是五金文具!

2 HAPPY

不能用指甲刀嗎? OK! 這個我聽你的!

拜託你去剪! 拜託你用指甲刀!

指甲爆長

敗。

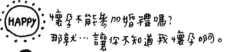

HAPPY

3 懷孕不能參加婚禮嗎?
那就…讓你不知道我懷孕啊。

弟!恭喜你!
要幸福喔!

弟

全場知道我
懷孕的人只有老公。

HAPPY

4 不能碰到紅包
這樣忌我喜歡!

呃…

老公,我不能
碰紅包,就
讓你去包30屋!
3600元!

HAPPY

5 有人包紅包給腹中寶寶時
也可以拆招!

老公,你拿著好了。
讓我看是多少錢。

賺到!
賺到!

紅包袋
給你啦!

抽鈔票
快速逃逸

我沒碰!

快樂孕媽咪♥

懷孕期間啊，
千萬要開開心心！
不要被禁忌搞得
自己緊張兮兮。

讓我們用笑容
打破禁忌!!

不能做的事，我們不要做。
(像是搬重物…)
不能吃喝的東西，我們不要碰。
(像是菸、酒…)
其它事情只要醫生說ok都OK啊!!

ANYWAY，我2個孩子都很健康喔!!
另推薦「蘇怡寧醫師愛碎念」粉絲頁，
超多打破禁忌的專業知識，
常常邊笑邊看蘇醫師的PO文。

//YEAH!

HAPPY

中 場 休 息

其實我覺得孕婦的生活禁忌要不要照做，全都看媽咪自己，選擇一個讓自己心安又快樂的方式就可以了。像我就是那種比較相信醫學根據的人，所以對於這些禁忌就不會太在意，更不會去逼著自己遵守。假如你是對於這些禁忌寧可信其有，不遵守會感到恐懼的媽咪，那我覺得你就應該去遵守這些禁忌。真的沒有哪一條路是對的，唯一的真理是，讓自己孕期可以安心又開心才是對的啦！

3 職場上最靈活的胖子

期仍持續上班的媽咪，在台灣還滿常見的。

之前我們全家去餐廳吃飯，老闆娘就挺著一個大肚子以一個華麗的 MOVE 端菜上桌。端菜就算了，她是一手一盤陶瓷盤那種，超強大。如果撇開肚子不看的話，這種身手矯健的狀態，絲毫感覺不到她是孕婦啊。

另外，我在懷孕期間去剪髮時，當時設計師就很順勢跟我侃侃而談懷孕的大小事。我一直以為是我肚子明顯才跟我聊，直到她不小心冒出一句：「像我現在也五個月了啊～」蛤！！！什麼！！！對，沒錯，髮型設計師這種整天幾乎要站著的工作，孕婦超人也是努力繼續在工作崗位上呢。（謎之音：吼，就跟你說懷孕不要拿剪刀啦！）

由此可見孕婦們真的是靈活的胖子無誤。本人在加入孕婦行列後也呈現整天靜不下來的狀態，最喜歡東跑西跑到處逛（很怕生完不能逛這樣），工作也是照樣持續著。挺著三十幾週的大肚子，回娘家還是愛在走廊跑來跑去，常常讓我爸媽哭笑不得：「肚子啦～小心肚子～」

在安全的範圍內，當個快樂又活蹦亂跳的胖子吧！身邊的人也能感染充滿喜悅的生命力呢！

Part
03

懷孕了到底會不會繼續上班啊?!
在台灣,如果沒有特別的狀況,
多半都會挺著肚子繼續上班。
各行各業都能看到認真美麗的孕媽咪。

上菜囉!

教員真可愛。

這件也不錯。

文貝!
文貝!

文貝

在文具店工作的我
也是一樣繼續上班。
對於日常工作內容
完全得心應手,
不會被那顆肚子影響。
(只有腦袋變笨) ???

99

平常工作的時候，也常得到客人關心 ♥

台灣人真的很友善，
而且對孕婦很禮遇，
甚至有點日本過頭看孕婦了（笑）
你以為孕婦是 ← - - - - - → 真實孕婦是

有一天上班時，遇到20幾箱的大到貨。
貨運公司通常都會幫忙搬進店裡，
但今天居然是「搬家公司」代運
而且店裡只有我一個人。

大年初三的那天，也是我一人上班。
我是從婆家直接搭客運去上班的，
到了店門口才發現悲劇…

呀呵！呀呵！
鑰匙沒帶啦！

因為春節的關係
附近的鎖店都沒有服務。
於是，狗急跳牆的孕婦
決定跳牆!!（誤）

CALL OUT
都沒人接。

公司在2F

讓我看一下地形，
如何闖入民宅?!

不是！是開店啦！

竊賊模式
⚡啟動⚡

路線規劃中

水塔

嗯！

1 先按電鈴請鄰居開大門

2 爬上2樓，
從樓梯對外窗爬到
1F的屋簷!!

3 爬過水泥牆、穿越水
塔、破窗而入!!
（沒啦！我們窗戶沒鎖。）

鄰居開了大門後，很順利爬
樓梯上2樓，準備爬出去1樓屋簷時…

這…窗戶…
也太窄了吧!!

窄到不行!

不行!!
BABY:我們
吸氣縮小腹
也要過去!

(怒氣)

完全沒變小。

頭過身就過，
但是我是孕婦啊!
身很巨大!!

壓肚子
微變型才過得去。

YEAH!
我很苗條嘛!

路人

此時站在屋外平台。

路人腹誹該快嚇死，
只有孕婦本人沾沾自喜。

想說自己過了第一關很開心，
結果一轉身第二關來了。
真翻牆啊！逃學的那種！

就這樣，發揮撐上單槓
的實力，應該就能過去了。

接下來就是挑個
適合的窗戶爬進去!!
太簡單了!哈哈哈!!

— 站在屋簷上仍然自得的孕婦。

底下的世界
依然熱鬧
車水馬龍。

他們
該不會
報警吧!

好吧,我承認
我看起來就是個
啤酒肚的賊啊!

好險!
呼~

爬進店裡後
一直怕有警車的鳴笛。
還好一切沒有發生。

欸!所以...
我還滿適合
幹這一行的嘛!

專長:翻牆
爬窗

擅長開鎖

中 場 休 息

文具店的工作日常真的不像是你想像中的吹吹冷氣、聽聽音樂而已,就像其他各行各業一樣,每份工作都有他辛苦的地方。我懷孕的時候已經離開了大型連鎖文具店,來到了小小的獨立文具店,也因此少了很多粗活。到貨不至於會一次到一百箱那種,也不會有一個接一個的展務。而且,老闆兼同事對孕婦非常禮遇,例如為了讓我坐著幫客人結帳還特地買了高腳椅;如果有一起上班,搬貨的部分他都一手包辦,真的非常感謝他!

4 老公，我的腦在哪裡？

孕傻三年是什麼東西！！起初我認真以為「傻」這個字跟我沾不上邊，畢竟從小就是模範寶寶，長大了還是聰明絕頂、機靈過人的那種優秀女子（好啦，這句是我自己加的。）生活中的各種事情，我一向都能好好規劃、把行程掌握在手裡，堪稱老公不可或缺的小祕書。（OK，這句也是我硬加的。）

懷孕後不得不承認自己的腦部確有點退化，常常一件小事都記不得。五分鐘前講的事情，五分鐘後就忘記。

我工作的店裡，商品本身並沒有貼價格，結帳時大多依靠腦內記憶體。新品一到就要開始記各種新品的價格，但老闆告訴我價格之後，我五分鐘內就會再問他一次，不好意思一直問的時候，就會上網查價一下。客人拿新商品來結帳的時候，我…會再查一次或是再問一次老闆價格…

「好，已經三次了，我應該可以記得價錢了。」
「等等…嗯…這個是多少錢來著？」（秒忘）

新品一直增加，舊品的價格在腦內也難以抵擋這種攻勢。最後，成就了一位微失智孕婦。

可愛又可惡的小BABY啊～你到底是從我身上吸走了什麼東西！從實招來！

Part 03

懷孕期間沒有孕吐也沒有什麼不適，
身為樂天派孕婦，什麼都沒在害怕。
我最怕的就是這句了

一孕傻
3年

OMG!!

3年...

聰明如我

怎麼可以傻3年!!

不過吼...
像我這麼
聰明的少女
應該不會啦!

筆筒 奶茶

其實我內心覺得
這種事怎麼可能
發生在我身上。

我。很。聰明!!

我..
我的奶茶...
我要喝
奶茶...

被筆刺到

傻

媽媽，
你已經傻了。

不，這是不小心，是不小心。
跟一孕傻3年沒什麼關係。
（自我催眠 ing）

飄走。

某天，整顆心都浸泡在麻辣鴨血的我
正準備要跟老公出發去夜市。

第一下時安
刮個鬍子!!

一種親蜜稱呼
欸!死月半子!
你快點啦!

誰要看你
鬍渣!哼!

已經站在門外

你閃來這邊啦!
我要鎖門了!

意味不明。
手放門框上。

喔。
想換另一雙
球鞋的說...

一手扶門框

一手關門

狀態顯示為
意圖自斷手指
的蠢孕婦。

關門 石並 一聲後

慘劇就這樣發生了。

媽媽:
你好傻!

傻

踢公北啊!

紅腫。

還有一次自己一個人準備出門
悠閒逛個文具店

要出門...
先上個廁所
好了。

懷孕後很不喜歡外面的馬桶,
總覺得家裡那個高度最好坐。

懷孕時
一直都是
非常順暢。
(誰想知道!!)

可以
好好出門
購物啦!

OK!!
舒服啦!!

一直到關上家門
都沒有發現什麼不對。
就開心地購物去。

SHOPPING完回家一開門就發現不尋常...

好臭!!

呃! 什麼東西!
臭死我了!

有屍體嗎!?
老公落屎嗎!?

已成為
蛋花湯狀態。

我對不起正在
喝蛋花湯的朋友。

是我...

媽媽
傻傻的。

109

生一胎之後，好吧，是有點傻。
生兩胎後，絕對不會傻乘以2，

是 ⇨ **傻的平方!!**

這件事，托嬰中心老師最了解。

啊!!水杯!!我等一下送來!

啊!奶嘴!!

啊!傻員!

★蛤!水杯裡面沒放吸管?!那我等等再去送一趟…
★聯絡簿沒帶啊!
★回條沒交嗎?…

沒…沒關係…

老師

老師

媽媽你還好嗎…

再孕一定不能不提泡夜奶的白目事蹟…

有一次,我如往常起來泡奶,
如往常加完水之後搖一搖…

哇～哇哇哇

(搖)

半睡半醒。

在泡了…
別哭…

再如往常把上蓋和奶嘴旋開
讓熱氣跑出來…

再如往常去餵BABY….

哇哇哇

嗯?

111

奶嘴沒有旋回去就整瓶往 BABY 頭上撒。

（停格）

嚇到完全 re 不敢動。

呃！乾....
媽媽對不起你啊！

闖禍

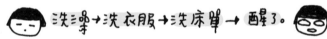

洗澡→洗衣服→洗床單→ 醒了。

但你以為，天真如我，泡奶只會蠢一次嗎？

有一次半夜起來泡奶...

還好裝好了。

昏。

上次沒喝完萬惡的30cc

裝奶粉備用

加水進去
搖一搖!

燈光昏暗,
什麼都沒發現...

搖搖搖
搖到快睡著

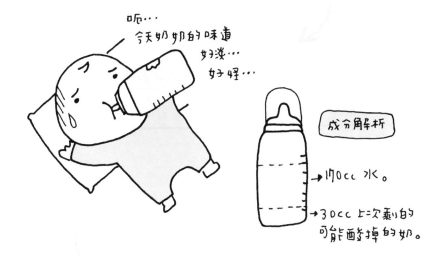

呃...
今天奶奶的味道
好淡...
好怪...

成分解析

→170cc 水。

→30cc 上次剩的
可能酸掉的奶。

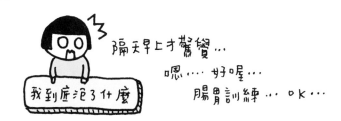

我到底泡了什麼

隔天早上才驚覺...
嗯.... 好喔...
腸胃訓練 ... OK...

先別說這個了，
我今天找項鍊
找超久的。
你有看到它嗎？

就是小花那個啊！
有印象嗎？

嗯…
有!!!

我有看到。

帥!
帥! 帥!

天啊啊，老公都有注意
我的東西，老公真是貼心。

太
好
了

在哪？
在哪？

今
日
限
定
→老公好帥好迷人好暖，
→一點都不胖也不油，
→是個強壯有肩膀可依靠的男人！

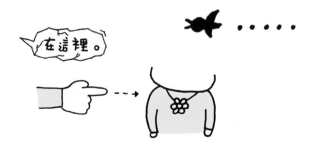

在這種
艱困的時刻
一定要在心中
默唸了3次

我很聰明。
我很聰明。
我很聰明。

沒事。沒事。
我什麼都沒聞…

← 立刻扯下來。

中 場 休 息

懷孕後的傻真得很有感。我在懷孕期間忘了要陪老公去照大腸鏡的日子、說要帶水杯出門結果拎了一條意味不明的毛巾、襪子穿不同花色…等等。最扯的就是要去生第二胎的時候,什麼都帶了就是沒帶待產包…孩子都差點要生在車上了,還是得折返回去拿待產包…這就是人森哪!

OK,拜託懷孕時期傻一傻就算了,把孩子生出來總該回到冰雪聰明的我了…吧…!?

Part **04**

千呼萬喚始出來

1 手忙腳亂的各種產前準備

迎接一個孩子所要準備的東西真的是一拖拉庫：嬰兒床、嬰兒車、嬰兒背巾、奶瓶、奶嘴、棉被、枕頭、紗布巾、包巾、包屁衣、尿布、奶粉、澡盆、洗衣精、沐浴精、乳液…等等。還有很多你想像不到的小東西，像是體溫計也是必備品。我爸媽為了迎接小孫女的到來（我在娘家坐月子），不僅改造了家裡的空間，也翻箱倒櫃找出一些我能夠延續著用的嬰兒用品。各路親朋好友也將自己已經用不到的都提供給我們使用，實在超感謝。

本人是恩典牌愛用者，可以用的東西就不要浪費啊，省錢又環保。至於沒有恩典牌贊助的部分，就只好自己購入啦！我本來就是屬於做事滿有規畫的那種人，而且身為孩子的媽，理所當然會在小孩出生前準備好一切，安啦！

不過…如果每個待買項目都要上網GOOGLE一下各品牌的使用評價再決定，那可能得從剛精子與卵子初次見面的時候就開始查詢了。不過，我絕對不會讓懷胎十個月的時間都被GOOGLE嬰兒用品給耽誤的！於是，到婦幼展盲目一次買齊東西，其實也是在我的規畫內（挑眉）。

Part
04

懷孕了之後，我想
最此碌的人應該是我媽。

25W

你看!你小時候
穿的耶!可以
繼續穿!

M媽

喔!

你看!都很新耶!

M媽

哇!

藏箱的
玩具耶!

TOYS

欸!你到底
有沒有在
準備東西蛤?!

角兮到橋頭自然直啊!

翻箱倒櫃

我會去
婦幼展啦!

完全不知道要準備
多少東西，還悠哉悠哉的孕婦。
要不是神經太大條，就是事情大條了!

過不久又收到來自媽媽的 LINE
感覺她非常擔心我
(嗯…是該擔心一下。)

媽幼展再買
一次買齊就好啦!
(慎)

連 google 查一下
推車·奶瓶·床
都完全沒有過。

< 媽媽

你到底有沒有準備好?
有缺什麼嗎?

有準備呵呵!

今天買了一罐奶粉!

拿著奶粉拍照
傳給媽媽,到底
想要表達什麼。

嗯……

30W 2d
準備完成的物品
① 奶粉
②
③
④
⑤　空。

完全可以感受到
臉綠掉的媽媽

終於！孕到了這天！婦幼展買好買滿！

耶嘿!!

可以西拼
就是嗨。

攜帶信用卡。
其它就...
沒什麼事了。

（勇業!!!）

？

所以...
是要買什麼？

呃...就...
還沒買的...
那些...啊。

基本上什麼都沒買。OK?!

登峽!!

還沒到展場，才到捷運站就能感受到
孕媽咪們準備放手一搏的那股力量！

買！

運動吧啊！

SHOPPING!

人山人海

進到超大的展場
突然一陣茫然。

打卡
送贈品呦阿!

麥唷!媽咪!
幫BABY買書吧!

要試吃
月子餐嗎?

贈品處

除了有一堆
自己不相關的東西,
還有小朋友到處奔跑。
這根本是孕婦需要保鏢的地方啊!

所以…

我們…

先走一圈
看看好了。

經過一番廝殺，
東西買好買滿！一次完成！

大型物品已宅配
卻還是大包大包。

BABY準備接受
一大堆鴨子大軍！

HELLO!

HELLO!

等！一下！

好像忘了
買嬰兒推車！

大的買好了，
大的都忘了。

還有床！

大包大包的我們，只好左看看右看看，
希望出現救世主。

突然一眼瞄到這家…

嬰兒推車~
大人坐也沒問題
超能承重!

床也是喔!

店員

直接站在
床裡面,
超猛!!

小姐,
要推看看嗎?

不用不用,
車跟床各一個
謝謝。

店員

老公立刻去
填單+刷卡 ⇒ 專業ㄇ卍

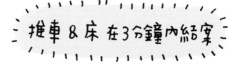

推車&床 在3分鐘內結案

耶!!! 買完了!!!

我此刻還深信
船到橋頭自然直。
一天之內買好所有
東西,免去媽咪們
東查西查煩惱半年的
那種情況。成功!

中 場 休 息

婦幼展當天的場面實在是很混亂，走幾步就會遇到一個活動，或是被銷售人員攔下來，總之想要只逛自己想逛的實在很難啦！最常見的就是填一下資料送紗布巾之類的育兒小物。拿到的當下覺得賺到，之後你就知道這條紗布巾的代價很大！非常大！回家後，就要開始接電話，從懷孕中期接到後期，再從待產接到小孩出世，各式各樣的廣告電話。就連我在坐月子，都還收到臍帶章的廣告！這是一個買個資的行為，填資料前請三思啊。

2 兩個女兒情有獨鍾的催生法寶

懷孕後期，肚子愈來愈大了。雖然對我來說沒有造成什麼困擾，沒有即刻想要讓肚子消風的意思，但總是會對於寶寶的誕生非常期待，家裡能多一個小生命的陪伴是多麼美妙的事情啊！（生出來之後就會立刻後悔講出這種話啊哈哈哈）

第一胎的最後幾次產檢，醫生跟我說寶寶的頭有點大顆，這讓當媽媽的我非常擔心會無法自然產而吃全餐。第二胎則是被醫生告知寶寶胎盤功能有點問題，希望能早點生出來養。兩胎我都背負著「寶寶趕快出來啊」的壓力，於是進入 37 週，我就開始各項催生祕方：喝麻油、多走路、爬樓梯、跟老公運動（？）…能試的我幾乎都試過了，但寶寶並沒有提前出現什麼產兆，甚至宮縮和胎動都比以前還要少一點。（攤手）

在這裡，我並沒有任何催生祕方要跟大家分享。不過很有趣的是，我的兩個女兒非常莫名其妙地自己找到她們想要出來的那個「點」，兩人都看上同一個「點」。後來這件事情就成為家人口中津津樂道的小趣事，每次分享都讓親友嘖嘖稱奇、笑成一團。

Part
04

相信大家懷孕到後期都會想卸貨，
而我也試了很多方法…

催生啊…
嗯…

來！都來！

一個一個來！

食物上面已經
沒有禁忌。

薏仁　螃蟹　蜂蜜　麻油

（民間傳說中能促進宮縮的東西）

除了吃之外，
也很努力地運動。

好！再5圈！

天壽喔！你看！大月份用跑的耶！

捷運站走樓梯、不搭電梯

BABY 動起來！

嘿咻！

欸！小姐！小姐！有電梯啊！

連在家看電視也不得閒。

呼。
喘。

起立 → 蹲下
蹲下 ← 起立

← M字腿
性感孕婦青蛙蹲
（好吧，是我自己加的。）

結果⋯

完全無效！

← 月子毫無動靜。
之前一直宮縮，縮屁啊！
足月了居然這麼不動如山！！

OK，老娘放棄催生這件事。
要住多久你就住吧！

↑
大字型睡姿。

到了M爸生日當天，我還沒卸貨。

那就在你家附近吃東西就好。

M爸　M媽
↑　　↑
覺得孕婦不要走太遠。

那就吃這個吧！

我家牛排

↑
很餓的孕婦
要挑吃到飽的系列。

我的腦中立刻浮現

"肉!!! 吃肉!!!"

離家最近的牛排店成為最佳選擇！

挺著大肚子橫掃buffet區
完全沒在客氣。

呼呼〜〜♥

自動讓出一條路

路上還買了手搖杯回家享用。

太滿足啦！ 還看跨年轉播！

飲料放在肚子上ok！
完全不用桌子。

吃飽喝足的準媽咪，當晚就破水了!!

都濕蝦毀了啦!!!!

死月半子!!
快點啊!!

要!!生!!了!!

就算破水依然記得親蜜稱呼。

第二胎的時候，
我就完全放棄了催生這件事。

一直工作到生
就是催生啊！
運動量100

反正呀...
不想出來就是
不會出來啦。

一直到38週的產檢，
醫生建議快點把BABY生出來養。

醫生

胎盤功能退化了喔！
BABY沒什麼長大啊，
要不要早一點生？

蛤！我吃很
多東西都沒有
給BABY營養!!

震驚。

於是，我開始努力
想把BABY逼出來...
☑運動
☑做家事
☑抱姊姊

來！
媽媽抱！

爸媽也出了一個好主意…

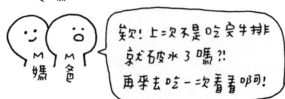

媽 爸
欸！上次不是吃完牛排
就破水了嗎?!
再孕去吃一次看看啊！

我家牛排

也太…
荒唐了吧！

不過，♡
吃肉我可以。

準孕寶媽再度飽餐一頓，
形象什麼的早就不屬於我。

好
吃
！

好
吃
！

你以為吃飽喝足
寶寶就會出來了嗎?
怎麼可能啊！
笑死我了哈哈哈哈..

中 場 休 息

要生妹妹之前，家人只是想在清明連假從桃園上來台北聚個餐。對於上次吃完我家牛排姊姊就出生的這件事，大家都還記得。於是爸爸當時就開玩笑地說：「要不要吃完我家牛排，我直接把姊姊帶走啊，反正晚上你就要生妹妹了嘛。」當時覺得這個玩笑話也太荒唐。不料，吃完牛排幾個小時後，因為我要去醫院生產，爸爸再度從桃園開車來接姊姊。現在想起來才感覺到爸爸未卜先知的強大能力。

135

3　第一胎：恥力全開無上限

這一生最羞恥的事情是什麼？在生小孩之前，我應該會回答國小三年級在老師面前站著尿褲子還裝沒事離開的這件事。真的很多年沒有遇到恥度能夠超越這件事的了。但如果你現在問我，我會告訴你，人生沒有最羞恥，真的沒有。恥力全開之後，羞恥是什麼我真的不知道，翻開大腦裡的字典也查不到這個詞彙。

在進入醫院生產之前，曾經經歷多次產檢，有腿開開的內診、也有刮肛門的乙型鏈球菌檢察，但這些我都覺得還好，畢竟就是醫學上的檢查嘛，就跟老公照大腸鏡時一直對著檢查人員放屁一樣自然。雖然第一次要腿開開對著醫生時，的確有一種說不出的害羞（但表情一直努力保持自然），兩隻腿雖然張開卻僵硬冰冷到不行。但多做幾次內診後，就覺得很自然了。

生完第一胎之後，人生最羞恥的立刻變成在待產室的那段時光。每次跟朋友分享起第一胎生產記，保證整群全部笑得東倒西歪。殊不知，在我內心是一個超級大塊抹不掉的陰影啊！在那之後，我的人生再也沒有羞恥兩個字，恥力全開過之後，收不回來啦！

Part
04

愈接近預產期，
愈愛想像BABY出生的各種方式。

先落紅?
先破水?
先陣痛?

開大卡車輾子宮
陣痛3天3夜?

屍屍不退房
磨娘精?

像大便一樣自然
不小心蹦出來

YEAH!!

請享用!

剖腹   催生

慘無人道
超值全餐

搭火箭
連連生完?

真是讓人期待
又怕受傷害呀!

待產行李箱
READY!!

吃完我家牛排，
終於到了開獎的時刻。
看完跨年節目的我，
滿足地躺在床上呼呼大睡...

突然，一股暖流衝出來!!!
瞬間啵一個水球爆掉的概念。

破水啦!

啊可

救命啊!
要生了啦!

← 某人
完全睡死

給老娘起床來來來來!

← 狀況外

破水是滿緊急的
產兆啊!!於是我們
留下濕床單就步行
去醫院了。(隔壁啦!)

因為BABY選擇先破水,
所以一到醫院就是躺床。
完全不會有那種運動爬樓梯的畫面。

媽媽,我們要
先剃毛和灌腸喔!

剃⋯剃毛⋯

雙腳
請打開!

雙腳立刻
縮進棉被裡

恥力全開

矜持是什麼,能吃嗎?

OK!深呼吸!
很快就好了。

心死。

剃毛 LIVE 秀

過不久，婆婆加入待產室。
恥力再度無上限爆噴中!!!

👁 2

媽媽，現在
該灌腸了唷!

在線
人數 👁 2

大腿張全開。
恥力全開。

來! 媽媽你
現在把屁股夾緊。

等3分鐘後
再排出來喔!
忍一下。

老公　婆婆
觀眾席

乾...
好想噴...

肛門
快要失守。

👁 2

觀眾席

★視覺與嗅覺的饗宴★

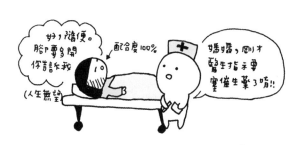

吃啦!

3分鐘

HAPPY!
HAPPY!

孕手的痛
變成一點點
肚子餓的
感覺而已。

打完減痛針,
瞬間能吃又能睡,
在此呼籲所有媽媽
不要省這個錢哪!!

過不久,護理師又來內診。
(沒錯,就是人間之色變的內診!)
(把手死命伸進下體測開幾指的內診!)

9公分囉!
準備!

要生了嗎?

哇!9公分!

不用比出來
拜託你。

對了要教你
用力30度!
看到BABY頭髮
就進產房!!

哇...
頭髮耶!

OK!很好!
快看到頭髮了!

← 對一切都很
有興趣的男子。

護理師

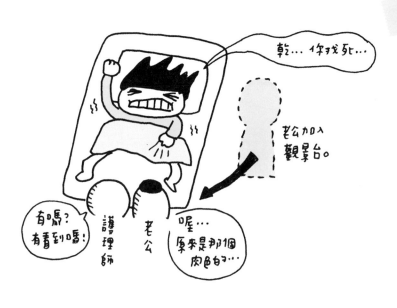

進入產房有一種來到外星人飛碟裡的感覺。

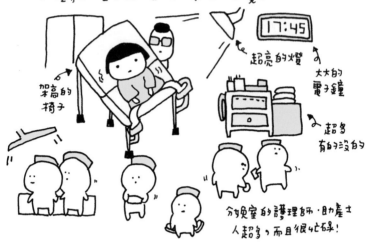

架高的椅子

超亮的燈

大大的電子鐘

17:45

超多有的沒的

分娩室的護理師、助產士人超多，而且很忙碌！

18:32

過不久，用盡吃奶力量，終於…
BABY 出了!!

恭喜!!
我就說生產很簡單吧!

醫生

咦?!生完了?!因為看太多驚悚的生產記，
瞬間有一種"這也沒什麼嘛"的感覺。

中 場 休 息

我在生產前真的有認真去查詢大家的生產經驗分享,但看了那麼多文章,都沒有人提到跟我一樣便便噴泉的部分。我是羊水先破了,所以灌腸後沒辦法在廁所裡處理,只能在床上鋪著看護墊、腿開開直接就地開噴。其實如果是很私下地開噴,我覺得還可以接受。但老公、婆婆看著你便便噴泉、擦屁股…我覺得不行啊啊啊啊啊啊啊啊啊(崩潰)。

4 第二胎：拜託讓我生！

經歷了第一胎的生產記之後，覺得BABY對自己真好，沒有什麼痛到，也沒有拖很久，就順順利利生下來了。因此對於第二胎，我一直很有信心。總之就是有產兆之後，到醫院等待開指，開得差不多就進產房用力嘛～ OK的！

之前就一直有聽說第二胎產程約莫會是第一胎的一半，如果第一胎的產兆到生很快，那第二胎就會超級無敵宇宙快，如果有機會第三胎，BABY就會以光速降世(誤)。因此，第二胎我都有在密切注意各種產兆，內褲一點點濕都會懷疑是不是高位破水這樣。沒想到…妹妹的產兆…居然是…烙賽!!!我摸不透啊！就因為錯過了這個產兆，讓我差點在計程車上產子、穿著便服就急推進產房生、人家用力擠小孩出來但我是用念力憋著不能讓她不出來…堪稱人生最短最緊急也最漫長的一段時光！

這邊要講句真心話：每個人每一胎的生產過程都會格式化重新來。

無法套用誰誰誰的生產經驗、也無法套用上一胎的生產經驗。像我的第二胎就完全堅持自己的路線，以烙賽宣告自己即將到來，再以炫麗的花火做一個華麗的ENDING。至於第三胎嘛～我暫時不敢考慮，我怕上個廁所她就會掉進馬桶了。

Part
04

又是一個吃完我家牛排的夜晚…(生產警戒!!)
姊姊突然起來吵要喝夜奶…

哎…
好睏啊…

ㄋㄟ ㄋㄟ

餵完奶奶後，
我陷入了一陣肚子痛 (拉肚子那種)

痛
痛～

喔…天哪了…
我到底吃了什麼…

該不會要
生了吧!?

到第2胎還是 →
搞不懂陣痛是什麼。

蹲2次馬桶
都有拉出東西

好吧，
可能真的
拉肚子了…

看著呼呼大睡
的老公&女兒
突然…
有點慌張。

拉完還是
肚子痛啊!!

← 已無法好好睡覺。

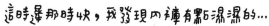
這時遲那時快，我發現內褲有點濕濕的...

血!!
是血!!

不是拉尿尿嗎?!
是落紅了嗎?!（驚）
跟上一胎
完全不一樣啊!!!
啊啊啊啊啊啊～～～

走了啦!
快快快
去醫院!
(瘴死)

ZZZ ← 一睡覺
就會失聰的男子。

帶了

姊姊的行李
★生產的時候
要住外公外婆家

帶了

睡眠中的
姊姊

帶了!

背巾

帶了!

手機鑰❶
匙錢包

OK! 可以出發了!

從家裡搭電梯下來
已經無法控制局面。

乾…
有東西要衝
出來的感覺…

該不會…
要在電梯裡…

有時候會停格在原地、無法走動。

再移動
就會
掉出來啦!

好不容易在凌晨攔到計程車…
(因為搬到遠一點的地方,無法用走的去醫院

雙和醫院,
謝謝。

(憋)

(焦)

乾…我不會接生呀…
臍帶怎麼剪…

冷靜~千萬要故作鎮定,
不能讓司機知道他的車將成為產房!!

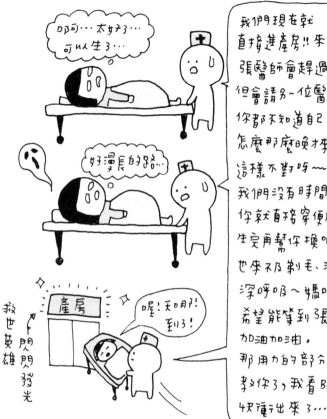

啊...太好了...
可以生了...

好漫長的路...

喔!知道了!
到了!

救世英雄
閃閃發光

產房

我們現在就
直接進產房!!來不及了!!
張醫師會趕過來,
但會請另一位醫師先待命!
你都不知道自己陣痛了嗎?
怎麼那麼晚才來?
這樣不對呀~
我們沒有時間換衣服了,
你就直接穿便服進去生,
生完再幫你換吧。
也來不及剃毛、灌腸了耶。
深呼吸~媽咪~
希望能等到張醫師來!
加油加油。
那用力的部分,我就不
教你了,我看BABY已經
快衝出來了...

進入產房的路上
機關槍式達達達達
把話講完。

如果這段路
耗時30秒,
我會覺得
過了30分鐘。

重啊啊!

第二胎的生產
就以如此華麗又血腥的臍帶血噴泉
做完美的ENDING。

- - - - - - - - - - - - - -

生產真的是人生中特別的體驗，
孕育已久的生命
因為自己很勇敢很努力而來到這個世界。
生完後，臉上那抹微笑（帶淚）
是媽媽此生最美的樣子。

- - - - - - - - - - - - - -

生產真的不可怕。
相信自己與相信醫師，
每位媽媽都會順利的！加油！

我搭火箭來！

謝謝 2個BABY
都讓我生很快。

中 場 休 息

「媽媽，用力！來，我們一起用力數到五～」在生第一胎的時候，護理師都是這樣慢慢引導我用力，而且用力的位置、方式都有一些訣竅。所以我在那時候，抓到一些精髓，想說第二次進產房一定要好好發揮我的產子技巧。

沒料到，我第二胎要學的是別的課題啊！「媽媽，請深呼吸，不要用力～忍住～醫生就快來了！」以我這個過來人說句公道話，用力生真的比較簡單，忍著不生才是史上最痛苦。

Part **05**

雙寶媽的進化之路

1 新手媽媽月子服刑中

從小孩呱呱墜地的那一刻起，我就不是孕婦了，我成為一位名符其實的媽媽。面對身分的轉換，還不太能習慣的時候，偏偏面臨眾多生活難題。必須學會習慣並配合BABY亂七八糟的作息、怎麼幫BABY洗澡、怎麼換尿布、怎麼抱BABY⋯我們都是從0開始，沒有第一次就上手的道理，都是慢慢摸索學習。

所以月子期間說什麼好好休息根本就是屁話啊！誰不用半夜起來擠奶或是哄小孩的你評評理！一下溢奶要換衣服、一下炸屎要洗床單、一下又不知道哪根筋不對要人抱著睡。自己所剩的時間已經夠少了，這時候如果又被許多「古老的傳說」困住，就會讓自己不開心。坐月子彷彿媽媽服刑一個月，身體與心靈都極度崩潰的一個月。

照顧身體相對簡單，我覺得照顧媽媽的心理才是最難的。我坐月子期間還算自由自在，只要孩子睡著了，我就能夠做自己想做的事。常常也會拿手帳出來寫心情或是洗頭洗澡洗掉一切悶悶的感覺。只有把自己心情調整到好的位置，才能拿好心情去學習照顧寶寶的技能、面對一切的生活轉變。

Part
05

孕婦的煩惱已經夠多了,
卻還是抛出一個月子在哪裡做的選擇題。
有沒有人跟我一樣
所有選項都認真考慮過的呢?

這是家裡的第一個＋BABY,
所以大家都很新鮮很期待,
早早就佈置好月子房＋嬰兒床啦!

離開醫院
準備娘家要麼啦!

第一次坐月子
實在不知道會怎樣!

但有我媽在,感覺萬事OK!

以往都有一種
洗頭洗澡禁令,
但,我家沒有。

住院3天
流汗又流血。
才剛進門
就只想這件事。

我等一下要
洗澡洗頭!

去呀去呀!

媽媽
超開明

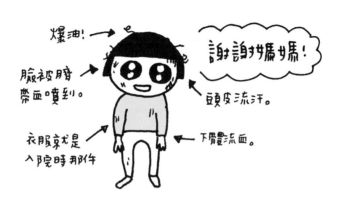

能有開明的媽媽真的痛哭流涕啊!
生產時的滿頭大汗到底要如何忍到一個月之
後再洗,完全無法想像。如果頭髮沒有油
到能煎蛋,至少也已經絲絲分明自體發光了!

在醫院住了三天已經悶得發慌，月子又繼續關。
於是我提出了一個建議：

欸，我們去
逛老街吧！

超敢説。

弟

弟

這....

驚

去啊去啊去啊！
今天天氣
很不錯啊！

小孩我顧！

媽

神一般的存在。

月子期間逛街，成就GET!!

♪～(樂)

弟

弟

人山人海
大溪老街。

新手媽媽難免憂鬱啊！
畢竟哪有人馬上學會帶小孩技能的咧！
所以洗頭洗澡外出走走這類的事，
就不要再綁住自己了！

月子期間最困擾我的不是各種禁忌（老媽最開明！）
而是平常很愛睡覺的我，突然因為BABY作息，
變成睡眠一直被中斷。

救人喔!!

吃飯　小睡一下　消毒　餵奶·拍嗝　尿布
餵奶　讓我睡……　陪玩
尿布　拜託…　吃飯
洗屁股　幫洗澡
陪玩　小睡一下
點心時間　尿布
洗奶瓶　消毒　餵奶·拍嗝

生活被重複
的小事填滿。

嗚嗚…（滿足）

謝謝BABY……
這一段睡了3小時!

←以前睡13小時才夠的
現在睡3小時就感動!

尿布濕了!
哭!

沒人陪我!
哭!

就是想哭!

想睡!
哭!

BABY不會說話
所以…
各種哭!

肚子餓了!
哭!

媽媽最怕的鬧鈴。
（按下不一定會停喔…）

另一件坐月子的大事就是 **吃**
大吃特吃！大吃特吃！
在娘家就是一直幸福地享受被餵食!!

吃吃吃吃吃

還有紫米粥，來一點吧!

媽

不過我可不是一成不變一直吃麻油雞
或是什麼中藥的。(媽媽萬歲!!)
偶爾也會…

感覺想孕期的重口味的耶!

剛生完就喝手搖杯的媽媽

麻辣鴨血、炸臭豆腐，不錯吧!

知我者，老田也。

又吃成這樣子，合理嗎?

月子

月子不要太嚴肅，
我覺得那是一個給新手
媽媽的緩衝時間。

1. 把身體養好;
2. 把照顧BABY的
   技能學好!

      簡單2件事而已。

      (才怪。)

要放輕鬆,
不要把自己綁死。
開心坐月子吧心

中 場 休 息

之前寫到生產記的時候有描述到第二胎的華麗ENDING,總之我半邊臉、頭髮和上半身都被臍帶血噴到,整個人很像命案現場的加害者或被害者。而且在生第二胎的過程中,我一直忍住不生出來,搞得冷汗直流。在醫院的時候,我只有簡單用水擦一擦,但那種血腥味真的很難完全處理掉。回家後第一件事就是想獻出我人生中洗澡最久的一次(平常大概10分鐘),從頭到腳用力地搓洗泡泡。超感謝我開明的老媽,洗完就是爽啦!

2 年齡什麼的我才不在乎呢

坦白說，25 歲之後我一直處於對年齡斤斤計較的狀態。最討厭拿到那種要勾選年齡的問券，年齡區間又很逼人，26～30 這種一勾選下去會讓我覺得自己跟 30 歲畫上等號。我在內心深處有埋藏一個小願望，就是一定要在 30 歲前把自己嫁掉。所以 25～30 這幾年對我來說就是在脫單倒數。對數字異常敏感。

終於，我在 30.875 歲的時候把自己嫁掉了。

結婚之後，就看淡了年齡數字。人生到這時候才體悟「幾歲根本不重要，看起來幾歲才重要！」當然，路人不會直接猜我幾歲，但是在叫住我的時候，一定會給一個「稱呼」。這個稱呼就是媽媽人生成功與失敗決定性的關鍵！

「哈囉，你現在大幾了？」我非常喜歡這樣專業、溫馨、充滿關懷的開場白。（雖然你可能不是真心覺得我是大學生，但是我真心接受你這樣優秀的開場白。）每次有這類型的開頭，我都會毫不客氣地回應：「沒有啦，我已經有兩個小孩了。」麻煩你一定要露出驚訝的表情，以撫慰媽咪帶小孩的各種辛勞，謝謝您，感恩萬分啊！媽媽美好的一天，由你開始。

結婚之前非常CARE年紀這件事，超CARE!!

欸?你今年是
30歲30嗎?

NO!NO!
29歲啦!

29

嚴格說起來是
29.473歲，
以四捨五入來看，
就是29歲!

算到小數第3位
也面不改色的女子。

★拒絕步入30歲階段★

用餐填問卷時也非常仔細年齡的部份
每個級距是幾到幾
都要看個清楚!!

性別 □男 □女
年齡 □ 20以下
     ☑ 20～29
     □ 30～39

是20～29無誤!
還沒生日不算30!

結婚生子後，
已經能坦然
面對年滿30
這個事實。

我今年34歲啊！
怎麼30嗎？

年齡什麼的，
我才不在乎呢！

哇！你今年
34歲喔!?

快35歲了！

← 神態自若。

手毛モ！
對當媽媽的人了，
誰跟你計較年齡啊！

I DON'T CARE !

但是!!
BUT !!

你稱呼我什麼
非常重要!!

— 妹妹？
— 阿姨？
— 大姐？
— 姊姊？
— 媽媽？

問卷調查的時候

被推銷刊物的時候

OK!完成了!
終於把卡片
寄出去了!!

← 心情很不錯

正要回家
的時候,
突然...

媽媽!
有考慮幫孩子
買教材嗎?

難道是...
在叫我...

僵硬回頭。

呵...
呵...

媽媽,參考一下吧!

媽你的頭!

哪一支眼睛看到我是媽媽!
老娘全身上下哪裡像媽媽!
你才媽媽、大嬸、阿桑!!!
不要隨便叫人家老木!!!

怒火中燒。

哪來的心情理刊物內容。

被小孩陰的時候

孩子的事情不能等。

讓我們一起支持
稱謂禮貌運動。

男生一律叫哥哥。
女生一律叫妹妹。

中 場 休 息

在我還是研究生的時候，最怕被別人問到「嘿，什麼時候要畢業啊？」、「教授找好了嗎？」、「論文寫得怎麼樣啊？」、「畢業後想幹嘛啊？」一連串機關槍式的問題，宛如把研究生從陡峭山壁推進大海裡。現在當媽媽了，也是會有害怕被問到的問題啊。總之，每個人生階段都有很不想面對的問題，我們就不要彼此為難了嘛。懇請大家無限期支持各種禮貌運動！

3 天兵媽媽的副食品荒唐教室

我就是典型的天兵媽媽沒有錯，可以永遠充滿爆棚的自信與樂觀。在副食品這條路上，我也是一直覺得自己可以做出讓寶寶愛上的食物，甚至還可以擺盤配色做成可愛的卡通人物造型。（一切都是幻想）因為不知道怎麼開始，而去參考了副食品的食譜，沒想到這造成自己更嚴重的幻想。我開始覺得自己可以煮出一整桌好料理！

現實是，平常沒有下廚經驗的人，根本沒有辦法一步登天。一開始除了要跟廚具、餐具當好朋友，還要跟各種蔬菜水果培養感情。國小課本不用重讀，但是需要放下一切偶像包袱承認自己是蔬果白痴，不恥下問勇敢對菜市場阿姨提出各種蠢問題。包括「這是什麼青菜？」、「青菜汆燙要煮多久？」、「馬鈴薯要削皮嗎？」、「地瓜要蒸多久？」千萬不要被副食品的書騙了，搞得好像每個媽媽都會穿著好夢幻蕾絲圍裙，有著漫畫美少女的水汪汪大眼睛，優雅地在廚房裡煮東西。不！我們初次下廚都是很慌張、滿頭大汗好嗎！

最後給個忠告：一開始先把食物處理到能入口就很厲害了，不用再想什麼卡通人物擺盤好嗎？!

Part
05

4個月後的BABY，已經可
慢慢嘗試副食品了。對可以開始
慢慢嘗試副食品了。對於新手媽咪而言，
這是一個全新的領域…

○ 買書來看好了

← 本來就沒在下廚。
烹飪經驗 ○"

天啊那…
10倍粥了…

○○ 看起來好難…

工具都OK，就要來準備食材了。

177

毅然決然把南瓜丟進電鍋蒸

蒸事西總不會
有什麼錯吧。

只放南瓜加米
就上場!

OK的,我只是
沒有放內鍋。
沒事,沒事。

很會生水
的南瓜。

鍋內呈現
南瓜湯的狀態。

⤸折斷筷子

哎呀!BABY乖!
捧場一下南瓜泥!

孩子吃
一小碗,
剩下的都
進老公肚子。

就是不想吃

好!OK!
我吃我吃!

你知道老娘
千辛萬苦才完成
這一大碗嗎!!

很顯然不知道
老母發生什麼事。

等不得洗電鍋

經過了南仙的試煉，
天兵老闆大廚決定
挑戰一下樣蔬菜 → 紅蘿蔔！

信心滿滿貌

OK的！我已經
充分了解紅蘿蔔！

學名Daucus Carota subsp. sativus
富有β胡蘿蔔素、維生素A
我們是食用"根"的部分。

蔬果博士。

刷得
很乾淨

切面工整 ☆

切得
不錯吧！

刷洗過紅蘿蔔後，
將他們切片。

自信心UP↑

別漏氣啊！
老娘這次有放內鍋！

每一次把食材放進電鍋，
都會想像蒸完後香噴噴又很上相的樣子。

真心換絕情 😭😭😭😭 痛哭指數4
之前老娘煮的快不吃，外面買就突然胃口來了。

雖然之後還有一些失敗案例，
但我後來努力學習
從第一課：認識蔬菜開始。

第2課：如何使用電鍋

喔！

終於拿出說明書

最後也能做出多種簡單的副食品。
（但依然不會做菜…）

好吃！好吃！

副食品 60分

做菜 0分

中 場 休 息

當我發現南瓜有籽、紅蘿蔔有皮的時候，頓時懷疑自己人生30多年到底有多廢，真的是廢到笑耶。就像是如果有一個人一直都是吃別人幫他剝好皮的葡萄，那他永遠不知道葡萄有皮這件事啊！或是從小吃剝好的蝦，就永遠不會知道蝦子有殼！我大概就是這麼廢的程度了。在此謝過我的老爹老母，從小到大居然讓我如此爽爽過啊！

4 不用花錢去健身房就能瘦

孕後減肥產品、產後塑身衣、媽媽健身房、瑜珈教室…市面上真的很多把目標對象設定為「媽媽」的商品。生完能不能瘦下來，似乎成為媽媽必須面對的課題。雖然我個人並沒有覺得很重要。

我在懷孕之前是偏瘦的體型，體重只有44公斤。孕後期直接飆到60公斤，再之後就沒有想量的欲望了，到底最後飆到60幾就眼不見為淨。本以為自己生完就會恢復曼妙身材（但最好罩杯可以從A－升級到C＋），結果並沒有！（罩杯也沒有UP，超殘念。）放完產假上工之後，我居然還在捷運上被讓座，讓我感到哭笑不得。但這一切都不影響我個人的吃喝與生活，我就是那種隨緣的人，會瘦回去很好啊，沒瘦回去也沒關係啊。

生完第一胎就這樣傻傻地在短時間內懷上第二胎。生完第二胎…更胖？錯！錯！錯！生完第二胎才一陣子，很多人都説我變瘦了！我回去穿那些以前的褲子，居然也都可以穿了！婚戒莫名滑來滑去鬆掉了！沒有花任何一毛錢，我就瘦回去剛結婚時的體重與身材了，甚至更瘦！

想知道瘦身祕訣嗎？來，我這篇毫不吝嗇告訴你。

生完BABY，肚子並不會完全消失。

生完2週了 →
(坐) 這層肥油是什麼!!
驚!!!

本來以為那些肥油自己會恢復。
直到放完產假才知道什麼是現實…

準備上班！
乳穿看看！
一疊褲子等待試穿

不能再穿睡褲亂跑了
嘖!!
卡住

卡。

現在是什麼意思!!直接卡在屁股上不乖！

這件也不行！
不行！

這也不行

懷孕前的牛仔褲們全軍覆沒。

OK!OK! 產後瘦身這件事
大家應該很有興趣，
請聽我娓娓道來～

免費用‧免運動‧不用去健身房
超級瘦身法!!!

1 媽媽抱抱 ★臂力100%

嗯？
這邊？

哪邊？

抱抱！

媽媽～

喪屍接近中

抱抱

抱抱！

好好好好　都抱著抱！

10kg　←　13kg

有這兩個啞鈴
還需要什麼健身器材?!

2 收拾爛攤子 ★ 腰力 100%

好想讓條路⋯

玩具滿地。

收玩具就是
起立蹲下 x 999
彎腰挺直 x 999

閃到。

衣服沾到
便便

吃東西
吃到吐

學戒尿布
尿褲子

洗

床單中獎

大臉盆

謝謝腰沒有斷掉。

3 馬大戰 ★ 全身協調100%

BABY出生前
就開始忙。

重…重重重!!
這拆朕怎
麼裝!?

出生後，
更忙!!

會扶立了
要調降床板!
啊是怎麼弄!!

(拆解)

走!要回阿嬤家了!

家當
很多

居然沒有
無障礙…

扛推車
上上下下。

每週一次回家
跟搬家一樣。

(抖)

189

4 你跑我追 ★ 大腿肌力100%

累積里程3km

累積里程
5km

感謝 21位私人教練 ☺ ☺
讓我快速瘦身，體重回到孕前數字。

媽媽！

你說…
能不瘦嗎？

媽媽！

← 45kg雙寶媽。
我相信
還會再瘦。

如果生完第1胎沒有瘦回來，
那就是生第2胎的時候了。(無誤)

中 場 休 息

生完第一胎準備要開工上班的時候，沒有一件褲子穿得下，這真的有讓我嚇一跳。我以為生個小孩，骨盆撐大就真的回不去了。沒想到減肥的最佳方法就是生第二胎！兩個小孩絕對讓你三餐沒有準時吃，就算有吃也無法慢慢吃。半夜一下這個起床歡、一下那個起床鬧，沒有一天睡飽睡滿，坦白說這樣真的不瘦也難啊！如果你現在是雙寶媽，但是沒有減肥成功，那我想可能是生第三胎的時機到了…

5 出個門怎麼這麼複雜

小孩出門是父母們勇氣展現的極致（無誤）。常常也有朋友建議我們帶小孩出國玩，但我光用想的就不行了。不用說飛機，連捷運我都不敢一打二！

我曾經在捷運上遇過一個媽媽帶雙寶出門，三人都有位置坐著，本來狀況也還好。不知道為什麼哥哥開始先鬧，鬧一陣子就開始哭。哭鬧症好像會透過空氣傳染一樣，妹妹不久也開始哭鬧了。媽媽好聲好氣地拿出各種東西安撫，連鑰匙、悠遊卡都出馬了，但這對兄妹完全不領情。媽媽愈來愈著急，我也看得很緊張（因為完全能懂她的緊張）。最後，媽媽放大絕，大聲清唱起了「捏泥巴、捏泥巴、捏捏捏捏捏泥巴～」突如其來大聲唱歌（還略帶一點走音），讓兄妹安靜了。不過，媽媽這麼大聲唱歌，整個車廂都在聽，到底要怎麼不尷尬收尾⋯畫面對媽媽太殘忍，我不敢看（遮）。

自從目睹這整個過程之後，我發誓絕對不一打二出門！就算老公一起去，我們還是全程戰戰兢兢不敢鬆懈。小孩有一點要歡的開頭，就趕快塞零食、送上水杯、拿玩具騙一騙。小孩是一種難懂的生物，永遠都不知道他們情緒什麼時候要爆發。在此奉勸各位，平時真的要多扶老太太過馬路，才不會所有衰事都集中在出門的時候。炸屎炸到肩膀去、吃太多吃到吐、小孩心情不美麗、腿軟死不走路、屁股長針不坐推車、各種零食都不買單⋯⋯

Part
05

192

你必須知道出門前的準備⋯

就是一場災難。

沒辦法。

不要
爬上去！

一心兩用是基本技能。

嗯...
還缺奶瓶...

盯

被抓包。

有時候要親自出馬處理

無來由的
哭起來

好了沒事沒事~
媽媽秀秀!!

本來就沒事，哭屁！

處理完回來發現...
行李成為另一個孩子的玩具。

乖吆!!

||YEAH!||

沒關係，沒關係。
我收!!

人
未
輕
鬆。

落跑。

蠢蠢欲動。

所謂行李，根本不是一個媽媽自己能解決的。

為什麼出1個門
好像在搬家？

揭密

奶粉。救命仙丹。
沒帶會有很吵的
哭么2人組。

奶瓶。
一人帶3空瓶
以免沒地方洗。

奶嘴。
不帶就是在
整死自己。

安撫巾。
傳說中的小被被
沒帶會當死!!因為會
無法安靜睡覺。

兒童碗x2。
有些地方沒有
適合的碗。

餐具。
剪刀與湯匙是基本款。

尿布2袋。
2個娃穿不同SIZE。

水壺。
隨時補充水分。

大包濕紙巾。
嬰兒這種生物
都不用衛生紙的。

Part
05

196

除了必需品，
還要準備一些防哭鬧聖品。

各種可以塞住嘴巴的食物。
旅程中不停餵食就對了！（要排好帶好收的）

攜帶型積木。
大人要吃飯，小孩已吃好，
這時候就要玩具上場!!

攜帶型小書。

為什麼出門要裝認真我真的不明白！
對孩子很有吸引力！

故事機。
會唱歌，說故事的帽T熊，
在車上不無聊的好物！

多的...別再帶了...

197

把這些家當扛上車後，就可以出發了。（終於…）

YEAH!
出發囉！

但，車的空間分配
是多麼不平均你知道嗎？

空

安全座椅
都很大。

後車廂
塞爆行李。

我也被夾得
很安全。

安全座椅

安全座椅

↑
夾縫中求生存的
一打二老爸。

一下右邊哭，一下左邊鬧。
後座就是一打二的戰場。

媽媽～喝水！

哇…
哇…

乖！

不哭囉！

駕駛人只能
出一張嘴。

我…我要去努力開車！
你來一打二…

先來吃個飯填飽肚子吧!
(如果孩子讓我吃的話)

媽媽在剪了
等一下好嗎

ㄞㄞㄞㄞ…

到處有了食物。

什麼都想拿,
到處在追求什麼。

讓我 吃飯!

去!吃飽都去給我玩玩具!

好不容易吃了幾口,又…

又怎麼了啦!!

哇哇哇~

呃…
炸屎了…

我另命…

哇!哇~

香氣

←喜歡一直
讓出尿布的像伙!!

擦屎 ⇒ 洗屁屁 ⇒ 換衣服 ⇒ 洗衣服 ⇒ 擦座椅

處理完炸屎的孩子回來…

我們回…來…了…現在是?

整個桌子 **沒人。**

老公? 女兒?

死小子跑去哪了

她一直哭,好像想睡了…抱她走一走。

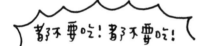

都不要吃!都不要吃!

飛自暴自棄的老母。

過來人這樣做

1. 選擇5分鐘能吃完的 Ex:漢堡
2. 選擇能外帶上車吃的 Ex:飯糰
   (在車上叫破喉嚨也沒人理你)
3. 請珍惜吃的每一口
   (都是孩子恩賜,ok?)

到了目的地，總可以好好玩了吧。（嗯?!）

放上推車，出發！結果…

媽媽抱抱

哇～哇～

我什麼都沒聽到…

症狀
磁鐵症後群。
吸附於父母身上
時才能保有美麗心情。
無屑能基因移植。

症狀
屁股有刺。坐推車就是美送!!
▲ ▲ ▲ ▲

水給你!

吃餅乾!

積木?　熊熊?

來!聽故事!

PEEK A BOO !!

（活力展現）

娃娃國♪
娃娃兵♪…

無來唱兒歌。

牲得要命夫妻。

通常到了飯店就突然都好了。

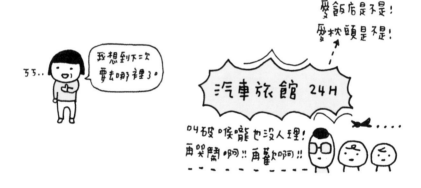

中 場 休 息

每次出門玩都會幫寶貝們拍照紀念，看他們在照片中笑得開心的樣子，覺得這趟旅程真是太美好了（才怪）。每一張對鏡頭笑嘻嘻的完美合照都是由10個以上的鳥事換來的。照騙只是呈現事實的某一部分而已，更多崩潰、失控、鳥到爆的漏網鏡頭都長存在父母心中好嗎？！

「那你為什麼只拍他們笑的時候？」也許你會有這個疑問。

「靠…他們歡的時候哪裡來的手可以拍照！！！」

婆婆媽媽阿姨嬸嬸的百寶箱

取對名字旺六代

我們那個年代都是這樣

嬰兒各項成長發展大比拚

1 取對名字旺六代

幫孩子取名字這件事，我覺得非常重要。

因為，往後這幾個字就是代表小孩本人，要一路跟著他，到他長大想換名字自己跑去戶政事務所更改為止。如果取了一個有諧音的名字，就會在求學階段一路被同學笑到大啊。不過，名字要取什麼，真的是我們可以決定的嗎？

NO !!! 有一種情況，是要跟著族譜取名（男生限定，女生可以不用跟。）這在我們家族行之有年，等於你的姓和第二個字都已經被決定了，以一般三個字的姓名來說，命名空間只剩一個字。像是我爸那一輩全部都是李華Ｘ，我弟這一輩全部都是李振Ｘ。爸爸與弟弟請衷心地感謝祖先沒有給太怪的字，依照族譜，下一輩要叫作李大Ｘ…嗯哼，我想這個字這對命名是一項比較大的挑戰。

另外還有一種很常見的，就是拿去給算命師算。依照生辰八字，算命師幫孩子算出適合的名字，把孩子的一件人生大事交給別人決定的概念。扭蛋扭出來是哪幾個字完全就是看你平常有沒有在扶老婆婆過馬路。

在此真心羨慕可以自己替孩子取名的各位（淚），用自己喜歡的字、用懷孕時突然有感的字、用對彼此有記念意義的字…那是父母送給孩子的一份溫暖禮物。

有沒有人從BABY在肚子裡
就開始想名字的呢？

我個人是
完全放棄這件事。

很有自知之明

希望
算命仙
不要亂給
怪字啊…

從婚前先去濟公廟
以及濟家每年大進香活動來看，
取名這件事絕對不可能是
由人來決定。
eeeeeee

不知為何，
在辰八字送去算之前，
婆婆開始自行研究名字。

喔!這個部首
不好!

婆

我跟你們說喔
名字很重要。

取對名字旺六代!!

喔!好喔!

哇!

逆媳 OS：
那如果這一代
取對名字，下
一代取錯咧?!

沒有名字，
無法馬上保險。
只能等待
算命仙的答案。

你會叫什麼名字呢?
先叫你嘴邊肉吧!
誰叫你臉這麼圓。

嘴。角。自。邊。肉。

....

無辜接受練號的BABY。

女兒即將成為傳說中的

阿官

不行！
身為媽媽
我要振作!!

那個…
我們還是
去算看看吧！

嗯！看算出
來的名字
再決定吧！

把命運交給算命仙的
絕望老田。

幸好算命先生很可以。
我們火速就選好名字!!

這個
不錯耶！

這個也
不錯！

紫娟拍手!!

趕快承認
不要紫娟都不錯。

開心！開心！
有名字就不用再叫
嗚嗚庚了。

第一胎 成功 解決阿宮關头，
第二胎 就 二話不説直接送去給人家算!!

那個妹妹的名字，
中間的字要跟
哥哥一樣嗎？

我們拿去
給算命師
算一下好子了…

中 場 休 息

我弟說取名是給小孩的考驗，希望小孩不要為了名字而影響自己（根本就是怪老爸）。根據族譜，他孩子那一輩如果是男孩就必須叫作李大X。我弟一直說他要將他兒子命名為李大「ㄆㄧㄢˊ」，便宜的便，不是大便的便。同學唸成大便，那就是同學的錯。OK…很好…我今年最開心的就是我弟生了小孩！而且是女兒！女兒！女兒！（姑姑喜極而泣）

算命結果給真給10個名字。
真的很好選啊!馬上決定好!

沒想到…

我們喜歡
第3個!

很不錯歡!

可是…那1個部首
我查過不太好!

算命師的
命名結果
失算…

那…不然…
第6個也不錯!

王×翎

翎這個字
有羽毛耶,不好!

第4個呢?
筆劃不好了。
第1個呢?
有水,不太好了。
第7個咧?
部首跟生肖不合。

(放棄)

總之,又好幾個被推翻啦。

到底...為什麼送去算...
又為什麼...
要一直推翻人家算的名字...

您不想旺六代了嗎?!!

這個名單
被刪掉一堆

雖然內心 OO××△△... 但現實...
也只能選一個原本不是那麼喜歡的。

那就...
這個吧!

好!

至於會不會旺六代,
我到時候
再託夢請第六代出來說明。

2　我們那個年代都是這樣

　　驗分享是人類世界美好的交流，可以把自己用時間累積所得到的知識，再傳承給下一個人。例如職場上的經驗傳承，如果遇到好的前輩，就可以省去非常多自己摸索的時間，在新工作崗位快速上軌道。這些無形的知識是用錢買不到的，珍貴無比！

「我們以前都馬是這樣把你養大的啊！」聽到這句就知道又要開始婆婆媽媽奇怪教室經驗傳承了。沒錯，婆婆媽媽那一輩也在帶小孩的路上累積了許多寶貴經驗，而且通常他們都非常主動並樂於分享。婆媽媽的溫暖關懷一路從準備懷孕、懷孕到生小孩、教養小孩，都會圍繞在我們身邊！只要提出一個問題，婆婆媽媽就會快速從腦內記憶體撈出自身經驗，秉持著不知到哪裡來的驕傲感說給我們聽。就算我不好意思問問題，只是眉頭輕輕一皺被看到了，或是寶寶的一陣哭被聽到了，婆婆媽媽照樣會像哆啦A夢那樣撈出神奇法寶，提供給無助的我們一盞明燈。

通常，我都能從他們身上得到很多幫助。不過，有時候真的會聽到一些讓人哭笑不得的經驗傳承啊～先不說這個了，趕快幫小孩穿上厚厚的棉襪吧，只要溫度沒有超過攝氏30度阿嬤都會覺得冷。（誤）

隨著時代的不同,都會產生不同的教養方式。
婆婆媽媽帶小孩就是「有自己的一套!!」

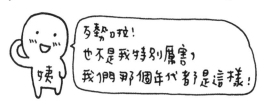

我大女兒滿月時,臉上長了一些小紅疹。
其實新生兒就是容易亂長有的沒的啊,
不過第一次當媽的我,有些緊張…

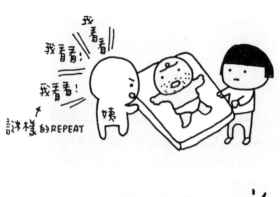

什麼?!

麻油擦嬰上葵!!
這樣是合理的嗎?!

月子期間
已經吃很多麻油料理

真的很有效咧!
我們那個年代
都是這樣.

OK, FINE.

中 場 休 息

關於臉上塗麻油這件事我實在覺得很猛,到底要如何把料理的調味料加諸於嬰兒臉上並達到醫治皮膚的功效?在懷疑這題之前,我想先釐清一下是哪位不得了的人率先在嬰兒臉上塗麻油的啦!!!不知道有沒有興趣在自己臉上塗一下醬油或是橄欖油,實驗一下會不會變成白泡泡幼綿綿咧~

還有一些年代久遠不可考的說法...

剪~

滿月
把頭髮
理光光

坐月後才
長得多。

趴八睡
頭才會
漂亮

怎麼沒趴八睡?

挺!

柔捏!
阿嬤捏!

捏鼻子
才會挺

bb哭了
不要抱

呃

不要去抱!
你讓他自己
哭一下!

不過，在婆婆媽媽的年代，
最經典的莫過於嬰兒穿搭的部份。
台灣四季如春（才怪，夏天熱死）
而在婆婆媽媽的眼裡，
嬰兒四季如冬。
▲▲▲▲

有一種冷叫作
"阿嬤覺得冷"

哇！會著涼啦！
要不要多穿一點！？
我用包巾包著
還好吧！

這毯子披在外面！
真的不騙你！
喔…
拿去！

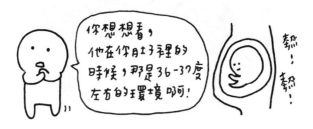

3 嬰兒各項成長發展大比拚

台灣的婆婆媽媽真的很熱心，對於各家孩子的成長狀況都非常想要了解，還會彷彿年輕時在托嬰中心或小兒科上班似的給你一些成長發展上的意見。當我帶孩子去公園、超市或是上下課的路上，都會遇到熱情如火的婆婆媽媽。以他們的瞎聊功力，偶爾就地聊個一小時也是合理的。

最常見的開頭：「唉唷，弟弟～你多大了？」明知道眼前的嬰兒看起來連爬行都還不會，仍硬是要將問句拋給嬰兒，但是問完之後將眼神飄向媽媽。

「他是妹妹啦！」在回答小孩多大地這個問題之前，我得先幫小孩澄清這個。我兩個女兒在一歲之前被叫弟弟的比例高達95%，就算當天穿著粉紅色或是荷葉邊，反正只要不是洋裝，就依然會被認為是為了省錢而穿姊姊留下來的衣服。

接下來聊的話題就可怕了，通常會從婆婆媽媽那聽到一些魔人嬰兒的光速成長經驗。然後，當下瞬間會覺得自己的小孩怎麼好像處處輸人。其實這就是中了圈套啊！！！小孩怎麼可以拿來比較咧？輸贏什麼的絕對不可以！他是獨一無二，只要沒有醫院評估發展遲緩，他就是健康的孩子呀。每個孩子的TEMPO都值得父母去細細品味！

Part
06

不知道大家有沒有注意過
醫院都會貼那種嬰兒成長發展的圖表,
告訴我們多大的孩子要解鎖哪些技能。

哇… 妹妹應該
差不多要會走路了呢!

為娘的我們總是看得很認真,
但有一群人,完全無視這個圖表。
因為他們的孩子超光速成長。

你不知道喔:
我孩子4個月的時候
就扶椅子站起來呀!

喔… 是喔…
失敬了。
失敬。

陳太太 他兒子
居然5個月還不會爬!
人家都會立了!

FINE~
可能
下個月
就會飛了。

沒錯，就是婆婆媽媽阿姨嬸嬸們！
各個孫子、孫女、兒子、女兒都是超人啊!!

哇！滿月了耶！
好好快啊!!
會抬頭了吧!?

會抬你的頭了...

彌月蛋糕

偶跟你說呀!
水果已經可以
給小孩吃了呀!
哎！我孫仔
吃得很開心呀!

....

HELLO！小妹妹！
幾個月了啊!?
怎麼還沒長牙齒？
我家那個
哎!! 3個月就長8顆!!

永遠
能自嗨

10個月 溜滑梯
妹妹！來溜滑梯！
我家那個呀！10個月而已，爬上爬下自己溜吶！
?

11個月 自己吃飯
你也來買麵呀！我孫女昨天自己拿筷子吃得很好！
拿…拿筷子嗎？好厲…害…
天生神力！下次幫我剝蝦，謝謝！

1歲 戒尿布
他啊！一歲就戒尿布了！
!!!
嗯……
原來老公也是光速成長的孩子。
看不出來啊！
真的沒有遲緩嗎？…

每個BABY都有自己的tempo
妹妹到6個月才翻身，
而且翻一次就不再翻了。(固執)

正當我們一直擔心她
發展比較慢的時候，
她居然比姊姊快會走路了。

← 突然開始走。

所以，不用太CARE光速成長的孩子。
只要有在醫院建議的發展狀態就好了。
請相信孩子的節奏。

中 場 休 息

我們同一棟大樓有小BABY的不多，因此只要遇到都會特別有印象，也會小聊一下，久而久之就更新了對方家中嬰兒的成長資料庫。曾經有一位鄰居阿桑在聊天中問我：「我們家那個5個月了還不會爬怎麼辦蛤！你有給小孩訓練爬嗎？」我當下超問號，5個月要會爬了嗎？？我懷裡揹著小女兒，腦中想著幾個月前的他。「嗯…我沒有訓練耶，他6個月才會翻身啊。」之後，鄰居阿桑貌似來到一個句點的節奏，帶著對妹妹的一點同情與訝異默默FADE OUT～

神豬隊友育兒術

1 莊子的「無為」是唯一真理

媽普遍沒有「無為」的命，總是在想要耍廢的時候過不去心裡那關，默默又動起來了。但老公對於眼前發生事情，好像都可以裝作沒看到、沒聽到，或是明明知道會怎樣，卻像局外人一樣站在旁邊看事情的發展。真想獲得這樣淡定的能力啊！

女兒有一陣子感冒稍微嚴重一點，晚上咳得太厲害會順便把奶吐出來。這種時期，我都無法好好睡覺，很擔心睡太熟沒有聽到她吐，會讓她一直這樣臭臭的跟著嘔吐物睡到天亮。某一次，小孩睡後，我和老公各自忙著工作，突然聽到吐奶的聲音。老公剛好在嬰兒床附近，第一時間就先過去看。我也從另一頭跑去幫忙，但是我到的時候，老公居然是跟乖寶寶模範生準備領獎一樣立正站好呢。（白眼到天邊）女兒衣服都沾到嘔吐物，而且就要把頭鑽過去嘔吐物裡了，隊友還站著不動，（不是應該先把女兒抱起來洗澡換衣服嗎？至少不要讓她繼續沾更多啊！）我只好整個火爆叫隊友滾開！立！刻！滾！

看著小孩在嘔吐物中打滾卻無動於衷，堅持無為到底的男子。請接受小弟一拜。希望有一天你能把這樣的能力傳授給我，感激不盡！

江湖人稱淡定一哥的神隊友我老公
是遇到任何事情都能冷靜面對的人。

裝沒事

淡定一哥

求婚?喔~有這件事嗎?

懷孕了?是喔。

沒關係吧。到時候再說。

再想想吧。

無為而無不為

莊子

說好聽是淡定,
但其實就是...廢到爆!
沒什麼實際作為啊!

唉

話說我生完第二胎在坐月子的時候，
朋友來訪～（神隊友的同學）

嗨！

恭喜恭喜啊！！

小隻的在睡，
大隻的可以獨佔媽媽！

便便了嗎？
媽媽幫你換布布

再度覺得
情不自禁。

聊天ING

哈哈哈

（帶離現場）

換尿布的同時，
傳來妹妹的哭聲。

換尿布
快手→

臭臭臭

...

欸！妹妹哭了！
你去看一下

哇～

愈哭愈大聲是怎樣...
死胖子不知道在幹嘛!

哇哇哇哇哇哇

還好了!
我們去看妹妹吧!

走過去的路上,
我一直在想像房裡的畫面。

沒想到,打開門看到....
立正站好的老公。

哇
哇
哇

欸,他到庭
在幹嘛...

?

五指併攏,
中指貼褲縫。

231

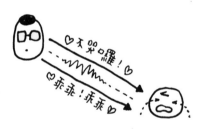

233

才過30秒左右，
馬上傳來悲象。

什麼事!!!

手機才剛解鎖
都還沒開始滑呢!

啊阿～乾!

大姆指流血 ←

我的腳部...
我的腳部...
被板子砸到...

(抖)

走吧...
去看醫生...

於是我就扶著老公去看醫生
再回家自己把嬰兒床弄好。
除了組床還多了一個
傷患要照顧到底是三小....

痛到無法
好好走路。

#無為永遠是對的
#幫忙只會讓我更忙
#請好好活著

支持老公無為

中 場 休 息

發生過很多事情我才體認到，老公無為可能也不錯（苦笑）

怎麼說呢…大概像是這樣的情況：你手邊在忙，所以請隔壁的人幫你拿個東
西，結果你形容了很多次，他還是一直拿不到你要的那個東西。後來就會默
默在心裡想：「唉，我自己去拿，早就拿好了…」

嘿，神豬隊友！你無為，我自己做，很快就做好了！

2　當老北後的三大病症

　　有人交往前交往後差很大、有人婚前婚後差很大、有人則是當爸前跟當爸後差很大！！！

神豬隊友在當爸後，的確跟以前不一樣了。以前超準時下班的，現在都拖拖拉拉很認真加班。以前沒有什麼的讀書會、研討會的安排，現在連全英文演講的都去參加了。（聽不懂到底是去幹嘛的啊！）工作、活動多，加上日以繼夜地滑手機，叫他去睡覺還要三催四請。累積下來，他的身體狀況明顯變弱了…病毒就趁機來侵襲…

小孩身上的病毒真的很強大，一個人感冒，通常就會變成全家人輪流感冒。以為同樣的症狀到大人身上應該就會比較輕微，不！小孩傳來的威力都不是蓋的！我們一家四口常常就這樣一個一個感冒接力，其中身體最弱的就是我老公！（看起來明明就最壯啊…）感冒真的不算什麼，帶狀皰疹也來了，我更在老公身上還觀察到了恐怖的三大病症！
先生哪，您真的病得不輕，但現在醫學很發達，請不要放棄治療好嗎？

自從家裡有了寶寶後，
神豬隊友就常被傳染感冒。

超市·醫院
托嬰中心...
各種ㄉ病毒。

不...
不要靠近我！

常常一個感冒快好了，下一個又無縫接軌。

又感冒?!!

醫師袍 ←

不過呢...
我覺得這種感冒
都是大CASE啦！

你沒發現
你身上有更嚴重的
3個病症嗎?

3個?!
不是吧！
我全身都是病嗎?

對！而且
病入膏肓！

保險受益人
請寫我，謝謝！

Mikey's

Baby
Diary

哎!

第1病·汗瀑布

只要離好近太近
就會一直噴汗,
容易暴躁惹人。

不知道此生有沒有機會
去看尼加拉瓜大瀑布。
不過,我能看到人體瀑布
也算是很大開眼界了。

別說了!
快把2隻火爐
抱走!!快!!

平常睡覺,我們是一人哄一隻睡

通常比孩子快睡。
根本被孩子催眠!

離暖爐太近
又開始進入瀑布模式。

哄完孩子睡覺
需要電風扇強風直吹。

強力放送。

融化的老北。

冷氣23°C+電扇強風

有一次我出門回來，
看到了這樣的畫面…

驚 !!

快來幫我！

脫到剩下
四角褲。

把好孩抱過來之後
發現好孩被爸爸的汗
搞得像剛游完泳。

頭髮一絲一絲
黏住頭皮！

兩夕
有事嗎…

衣服濕透
一塊一塊的。

換新的
一件吧！

對了，你可以
幫我…

我很 熱！

火。火。火。

能讓淡定一哥有情緒的其中之一
就是太熱。(佔比 75%)

#請不要跟很熱的人
說任何話!!!
#會引爆炸彈喔。

生理體溫 37°C
情緒溫度 100°C

已達沸點，
隨時爆炸！

Mikey's Baby Diary

239

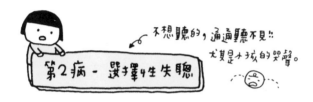

第2病 - 選擇性失聰

不想聽的，通通聽不見::
尤其是小孩的哭聲。

襪子有夠臭。
根本就是鹹魚啊啊!
翻個身來看看!

小石牌唸。

聽力滿
不錯的口麻!

什麼鹹魚!
你才鹹魚!

媽媽在幫妹妹換
尿布，請爸爸開好嗎?

但聽力的好壞
是選擇性的。
▲ ▲ ▲

媽媽!
餅乾!開!

開!

幫妹妹換尿布。

這種失聰的情況 半夜更能發揮到極致。

半夜起床處理小孩

99%

1%

對小孩聲音特別敏感，
翻身咳嗽都聽得到。

> OK!能者多勞。

睡覺宛如暫時性死亡，
外界任何事物都沒有感覺。

> 不要打呼吵別人就好。

連續睡眠
是什麼?
能吃嗎?

連續睡眠不超過4小時。

哭了…
看老公會不會去弄。

哇～～

嬰兒的哭聲，
像是音量漸強的鬧鐘。
如果不處理…
屋頂就會被掀掉。

27、28、29、30秒後…

休克貌。

乾…我去!我去!

> 阿母命苦。

微夢遊狀態。
步伐沉重。

久而久之，我就知道我的休克抓漏人，
除了電擊或CPR太木眠就沒有別的方法醒來，
只好認命去處理2位輪流有事的孩子。

第3病-屎遁

消化到底有多好。
每天大便超多一次。
每次都要夢很久!!!
(30 min UP↑)

唉…

當媽媽之後,可不是想拉屎
就能夠馬上去拉屎的。
都是在小孩睡著後…

我的消化系統已經調整好了作息

深夜運作色

但老公的消化系統卻出事了!次數→多!! 時間→長!!

我去大便!

你給我快點吧!

手機
必備品。

我還想去
大便。

感覺還有。
我去一下廁所!

243

每次在廁所裡的時間 都讓我懷疑他睡著了，或是掉進馬桶裡兩腿尖。

● 門內狀態
這一場還沒打完。

已經40分鐘了!!
你好了沒!!
換我要洗澡了!!

● 門內狀態
這關沒破不出去。

是要多久!!
快一小時了!!

我好了!我好了!
不要趕我嘛!

總在名聲閉的時候。
←一臉毒舌說。

乾...為什麼可以...
如此想揮拳過去...

當我需要幫忙時...

欸!你幫我拿...
嗯!人咧?

?

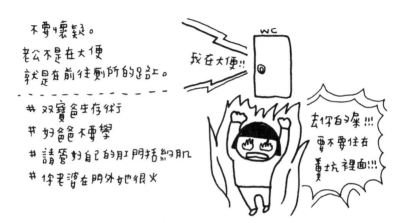

不要懷疑。
老公不是在大便
就是在前往廁所的路上。

双寶爸生存術
好爸不要學
請管好自己的肛門括約肌
你老婆在門外她很火

WC

我在大便!!!

去你的啦!!!
要不要住在
糞坑裡面!!!

中 場 休 息

尿遁已經落伍，屎遁現在正夯！一遁就可以一個小時當然要遁一下啊！
說到屎遁，我弟也是那種會拉屎要30分鐘起跳的人，但是他在當上爸爸之後，不能再這麼囂張了…我弟媳規定他只能在廁所10分鐘，如果沒有拉出來，就等下次有感覺再去上。說真的我！超！想！效！法！ 因為我不懂為什麼便便還沒有敲門（對，就是那個門。）就要先去廁所浪費時間跟馬桶相處啊！

245

3 獨家隊友牌固齒器

　　果你家的小孩正在認真使用你買給他的固齒器,那實在是非常恭喜!市面上固齒器百百款,能尋覓到寶寶的命中註定真的不容易。第一胎我買過的固齒器有5個,包括大家很推薦的小花固齒器,但是全部都被叛逆有想法的女兒給打槍,沒有一款固齒器被她使用超過一天的,不,應該說是一個小時才對。而且,那一小時完全是靠好奇心與新鮮感支撐著,拿在手上端詳然後咬咬看,真的談不上什麼喜不喜歡。對比我們幫她挑選固齒器的時候那種喜悅的神情,簡直是熱臉貼冷屁股。固齒器根本只是商人發明的、勾起媽媽購買欲的邪惡小物罷了!

　　既然第一胎我買了五個固齒器全失敗,那第二胎是否還是要再試五款?廢話,當然是不要啊。老娘我只買了一個,要就咬、不要就拉倒!(妹妹表示:…)結果妹妹固齒器的故事又是個不受歡迎的悲慘結局。商人的嘴角又上揚了,可惡。

　　後來我們才知道,根本不用買什麼固齒器啊!用心挑選女兒的固齒器只不過是真心換絕情。真正能讓女兒樂在其中的固齒器隱身於民宅之中、菜市場之中和神豬隊友的心中…

Part
07

＊BABY在某個階段會成為看到東西就想咬的小怪獸。
我家大女兒在3個多月就開始很愛亂咬東西，棉被、
穿搔巾、推車安全帶、背巾…等等。總之任何出現在
她面前的東西她都了會想要進攻。

手永遠是
最好吃的!

整個手掌進去。

穿搔巾
美味!

四個角
都是口水味。
(嗯)

這樣不行呀!
我們去買東西
給她咬吧!

認真。

嗯…
要咬什麼呢?

去婦嬰用品店
再問問好了!

唱遊控器

看他的樣子
就知道
很疼小孩呢!

等我一下，拿
個錢包、手機
就馬上出發!

帥!

我們租屋處附近就有一家婦嬰用品店，
我還滿常去買東西的，是認真消費的會員。

你好!

左看右看
找固齒器。

店員

你好啊

請問一下呀，
那個…

老公很少在
這種場合
說話的啊…

ㄋㄟㄋㄟ
x2

面不改色
使用疊字。

啾咪

咬咬
放在哪裡?

咬咬。咬咬。

他是說…

咬咬嗎…

店員與老婆的無奈對視。

到了固齒器區，發現超多種啊!!!
逼迫父母面臨選擇障礙。

掛了整面牆
的固齒器。

約莫花半小時選擇，
最後帶走一隻烏賊。
期望女兒賞臉吃烏賊。

但事實是殘酷的。女兒不愛烏貝我。

極盡表現
希望獲得
女兒的青睞。

你看!!

還是遙控器
最好吃。

完全沒興趣。

以為加入
表情、動作
可以獲得關注。

無視。

失敗!

遙控器鐵粉

之後又買了一些
其它款的，結果
還是無法讓女兒愛吃。

於是我們到民間
找尋各種固齒器的意見。
終於在嬸嬸那
得到最棒的答案!!

不孫女不會
亂吃嗎?

我覺是…

嬸

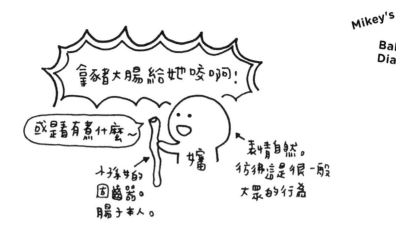

拿豬大腸給她咬啊!

或是看有煮什麼~

媽

好棒好的固齒器。
腸子本人。

表情自然。
彷彿這是很一般
大眾的行為

是這樣的
畫面嗎...?

呃...

好吃!
好吃!

但我們從中得到重點:
拿他們咬不斷的食物當固齒器!!!

有耶!有效!
她很愛!

(樂)

花枝圈

251

食物固齒器已經夠時尚了，
沒想到神豬隊友更加無法超越…

看新聞的男子。

神豬隊友的遊戲整日常 → 沒在跟小孩遊戲。

緩爬巴行

女兒聞香而來。(嗯)

神豬隊友的襪子穿上玩籃天爆臭，但回家後不肯脫，因為更臭!!!

阿阿 阿阿阿~~~

居然啃起臭襪子!!(溫體) 飢不擇食。情不自禁。

中 場 休 息

我家的神豬隊友是那種看到小孩吃東西滴下來就會馬上擦掉的人。小孩吃水果的時候，他會很認真盯著咀嚼情況，一有動靜滴出果汁，立馬就用衛生紙擦掉。跟我完全是不同類型的人。

我原本以為神豬隊友的微潔癖會延伸到孩子的各種生活小事，沒想到居然會讓小孩去咬臭襪子啊啊啊啊啊啊～我知道那多臭！所以崩潰感更重！

4　一張嘴就能搞定小孩

每天都在祈禱老公的手機突然當機或是黑畫面之類的。神豬隊友對於手機不算是「沉迷」，應該說是一種「習慣」。人一坐下來，手上就應該拿著手機；走在路上遇到紅燈，就應該拿出手機；等個早餐，也應該滑個手機。他沒有真的在幹嘛，純粹就是離不開那小玩意兒。在跟女兒相處的時候，神豬隊友也因為一直滑手機不陪玩，被我唸到耳朵快爛掉。久而久之，他練就出一套只要一張嘴就能搞定小孩的功力。

最簡單的就是小孩發出什麼聲音，他就跟著複誦。此刻全身上下有在陪小孩的就剩嘴巴了，我敢打包票嘴巴說什麼絕對沒有認真經過他的大腦。如果問他上一句說了什麼，他大概也會回答不出來吧⋯除了超沒心之外，聲音也怪噁的。人家小BABY發出來的聲音明明就很療癒啊！被你這個歐吉桑一複誦，馬上讓人拳頭硬。

身為媽媽，我每天都處於想揍爆枕邊人的狀態，其實也滿合裡的。神豬隊友能夠好好活著，純粹只是因為他是小孩的爸爸，留他一條小命罷了。

Part
07

平常一向淡定的隊友，聲音是超低沉那種，
算是個性與聲音超相符的人。
但是在陪玩的時候，會出現另一種聲音…

喔嗚哇 (奶音)

喔嗚哇～
(奶音)

高8度不夠!
高16度不夠!
高24度!!!!

不蘇湖…

呀～

呀～

↑
COPY & PASTE
奶音100%

女兒的版本
明明就
很可愛啊…

女兒大一點之後，
隊友也沒有一直陪玩了。
但純靠一張嘴陪玩是有的。

Ctrl + C　Ctrl + V　OK!服了你!

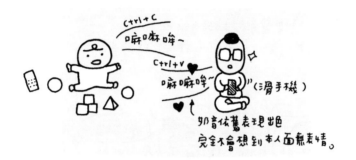

Ctrl + C
嘛嘛哞~

Ctrl + V ♥
嘛嘛哞~ ♥ (滑手機)

奶音依舊表現出色
完全不會想到本人面無表情。

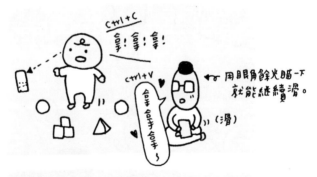

Ctrl + C
拿!拿!拿!

Ctrl + V ♥
拿拿手手~

用眼角餘光瞄一下
就能繼續滑。

(滑)

這種複製貼上的能力，
居然也適用於止哭!!
(媽媽覺得崩潰)

大撒步啦!

神豬隊友原本就是個五音不全的人。
對於音準完全沒有任何概念。

你的背影
再見

知那...
唱歌大賽就是要
這種人去唱啊!
全場都猜不到!!

不過,有了孩子之後,
還是得偶爾陪孩子唱唱兒歌。

🎵 兩隻老虎
兩隻老虎

小時候不懂,
有人唱就開心。

第一胎嘛!
熱情滿滿。

隨著時間,熱情遞減中。

兩隻老虎...
兩隻老虎...

(滑)

唱什?
好像不是這樣唱

小孩會說話之後,
還直接被噴。

兩隻老虎~
兩隻老虎~

大走音

??

音不準
有罪嗎?

爸爸!
不是這樣唱!!

完全不給父親大人
留點顏面

後來，神面都爸友發明了一種既可以滑手機，又讓+孩有陪伴感的方式。
#好爸爸不要學

1 嘴到心不到，一心二用技能展現！

2 我只跟句尾，不用記歌詞下一句。

3 算了我不唱了！我是旁白。

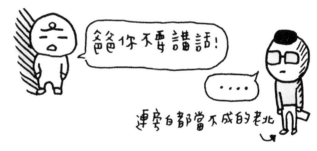

中 場 休 息

求婚或是什麼浪漫畫面都沒有貢獻過的神豬隊友，聲音異常低沉無感情，完全不適合學小孩的那種奶音說話，聽到就讓我有想翻白眼的衝動。不過，相信我，不管是什麼類型的人，只要你當了父母，都會默默加入疊字與奶音的行列。我老弟是走諧星路線的公務員，剛升格當爸爸，正是對育兒這件事充滿熱情的時候。我雖然深知大家當父母都會這樣，但上次聽到他跟他女兒說疊字加奶音，我當場依舊很想一巴掌過去啊哈哈哈哈～

5 育兒雜事速成法

結　婚前我就知道我家這隻神豬隊友的 TEMPO，一直都是慢到不行。舉個例子來說：在大家都已經 499 吃到飽非常習慣的日子，他還在使用一千多吃到飽（而且是 3G），並不是因為續了很貴的約，而是根本約已經過了很久都沒有去動。為了懶得去處理，他每個月很甘願付一千多，以及那個莫名其妙的來電答鈴費用（本來是送的，後來沒去取消就默默開始收費。）這件事被我在耳邊碎念了非常非常非常非常非常非常多次，他才終於忍不住我的攻勢而去處理。從我開始唸他，一直到他辦完，大概事隔有半年或以上。所以基本上，我是不會對於他在辦事效率上有所期望！

在有關孩子的小雜事上，我們有些簡單的分工。每天睡前的奶瓶清洗與消毒、隔天的書包準備…都是他的工作任務。雖然慢郎中平常是絕對落後蝸牛 100 步的那種慢，不過，為了達成他想做的事，他一定會想辦法趕快把眼前的任務完成。例如為了可以好好地抱著手機纏綿（？）一定要迅速把小孩子的書包準備好。這時，神豬隊友就發展出了自己的一套雜事速成法，再複雜的東西都能快速處理完畢。

有興趣知道嗎？叔叔有練過，好爸爸不要學喔。

Part
07

千萬不要看神豬隊友好像很不OK，
平常做事雖然真的拖拖拉拉又不夠有水準，
但在育兒的雜碎事上，可是出奇地有效率啊!!

才4歲。

效率圖 → 收玩具我專門的!!

小孩玩過的地方，就像被炸過一樣。
沒有一次例外。

在他們學會一起收拾玩具之前，
爸媽就是那個負責收拾的角色。

交給我!! 小事一件!

呵呵
呵
...

（信心
100）

Mikey's

Baby
Diary

263

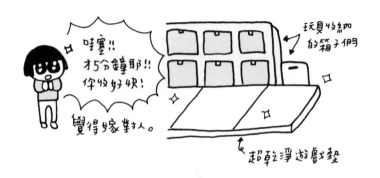

哇塞!! 才5分鐘耶!! 你收好快!

覺得好像對人。

玩具收納的箱子們

超乾淨遊戲墊

不過細看一下馬上想爆髒話!!!

為什麼!! 為什麼玩具箱裡會有書!!

有個東西叫書櫃!

為什麼積木桶裡會有娃娃!!

到底! 分類出什麼事!

BUILDING BLOCK

為什麼奶嘴在裡面!!

奶嘴也算玩具嗎?

TOYS

理直氣壯

沒關係啦~放一下~明天都還會拿出來玩啊!

效率2 → 書包就是這樣放!

以下東西
真的摘得進書包?

托嬰中心也是有書包的!
裡面必需放一些日用品:

水杯 奶瓶
每天帶回家進行
清洗消毒工作!

尿布袋
每天補滿
8片尿布備用

圍兜
每天帶5件

分格奶粉罐
每天裝所需的量

聯絡本
・記錄寶寶生活
・溝通管道

聯絡本

奶嘴

安撫巾

隔尿墊
換尿布時要
拿來墊的

50cm
70 cm

我孕48
很OK的!

每日書包擔當

每天女兒的書包總是超重!!

到底是
怎麼回事…

打開看看…

所有東西都亂塞…

一「團」圍兜。

這是什麼!!
乾淨的還是
用過的?!

乾淨的啊!
每天不是要補5件嗎?
我放5件啊!

揉成一球
的5件。

是…沒錯…
每天弄書包很感謝
但可以疊好嗎……

豁達。

沒關係啦!
明天都會拿出來用啊!

同理可運用於生活中100件雜事

是不是超級有效率!!（沾沾自喜）

「找媽媽」

3個字處理一切。

找你的頭!! 找屁找!!

中 場 休 息

神豬隊友的效率也發生在收行李的時候。在此含淚奉勸各位媽媽，出門玩千萬不要讓隊友收行李，保險一點最好不要讓他打開行李拿東西，不然下次打開行李，絕對找不到要用的那個放在哪兒。神豬隊友收行李超簡單，只要能塞得進去、拉鍊拉得起來，那就是收好了。孩子哭著要奶的時候，媽媽只能崩潰哭喊「奶瓶咧！你把奶瓶收在哪裡！！！」

給媽媽們的悄悄話

工作與家庭的翹翹板

微笑媽媽才是王道

我是媽媽 我是我自己

工作與家庭的翹翹板

生完孩子、放完21週月的產假，
我馬上就回到工作崗位了。

孩和呢？
孩子送到托嬰中心。

- - - - - - - - - - - - - - - - - - - -

有一派媽媽會覺得把孩子
送到托嬰中心很狠，但我不這麼認為。

第一胎我的弦選是在無奈之下送托的，
但第二胎我和老公都覺得一定要送托!!

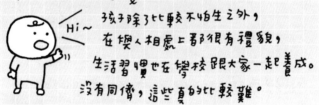

Hi~ 孩子除了比較不怕生之外，
　　 在與人相處上都很有禮貌，
　　 生活習慣也在學校跟大家一起養成。
　　 沒有同儕，這些真的比較難。

很多時候，孩子會突然有驚喜的表現喔!
在家裡、在學校，2種不同的環境可以學到更多。

- - - - - - - - - - - - - - - - - - - -

送給老一輩的帶孩子，當然也是一條路。
首先，得接受老一輩的教養方式 → OR 眼不見為淨。
(例如說臉上有紅疹就塗麻油之類的。)
我的娘家、婆家都在外縣市，
為了每天看到孩子，我沒有想過給家人帶。

★ 不過阿公阿嬤都超疼孩的啊!
　 說不定孩很想去給阿公阿嬤帶。

我也有想過放棄工作,自己帶孩子。
但…這樣真的好嗎?

想SHOPPING
正確無誤

▲ 沒有收入,成為伸手牌,超不自在的啊啊!
而且一起床就一直面對同樣的事一整天,
會煩、會累、會厭倦也都是正常的吧。(好吧,是我。)

如果說,工作可以帶給自己一些自信、成就感,
而且是在做自己喜歡的工作,
那就應該繼續工作下去喔!

加油

在這裡要超佩服自己帶孩子的媽媽們啊!!
怎麼能夠跟小怪獸相處24小時哦!!!(笑)

媽媽!!

半獸人無誤。

六日帶小孩21個整天,
自己都覺得去掉半條命。
無法想像連續365天…

別…
別過來..

從托嬰中心下課回來,
一起相處到睡覺時間,我覺得剛好。
可以呈現自己好的一面,有耐心的一面給孩子。

271

不過，我的工作的確也為孩子改變了。

原本的工作
- 文具店店員
- 下午上班、晚上下班
- 週末沒有週休二日

現在的工作
- 經營網路商店
- 上下班自由
- 週末陪孩子OK！

如果倒店→
就會去找個
朝九晚五的工作。

曾經因為要離開文具店的工作，
在家裡引起一番大討論。
看得出來大家都說我自己決定，但都不支持。
anyway，我還是離開了。
從此帶BABY去打預防針或是BABY生病，
都不用再帶著滿心愧疚去跟老闆請假。
突然想來個兩天一夜小旅行，也說走就走！
自己變快樂了，跟孩子更親近了。
缺點就是他們變得超黏我～

媽媽！
媽媽！

其實也滿幸福的啦！
以後長大不黏我怎麼辦…

客廳無人氣。
超悠閒。

孩子的成長只有一次，
所以在家庭與工作的翹翹板上，
我會覺得家庭在現階段重要一點。

工作比較輕，但是不能丟掉～～～!!!
因為我是那種不工作會無聊死的人，
而且很希望自己可以一直在喜歡的文具領域或
保持對文具商品的熱度。
等孩子大了，才不會突然
失去了重心，找不到自己能
做的事。

新的紙很好寫耶!

這組彩色筆顏色很美!

我不一定是對的，
但至少目前為止
我一直是快樂的。

希望每位媽媽都能在工作與家庭之間
找到一個平衡點，讓自己充實、快樂。

↑
超重要!

273

2 微笑媽媽才是王道

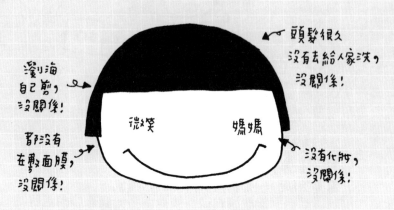

頭髮很久沒有去給人家洗，沒關係！

瀏海自己剪，沒關係！

都沒有在敷面膜，沒關係！

微笑 媽媽

沒有化妝，沒關係！

很多時候，那些有的沒的小事，真的沒關係！
只要媽媽從內心發出快樂因子，
臉上自然就有最棒的一抹微笑。:)
那才是最重要的呀！寶寶也會 HAPPY HAPPY！

是什麼讓媽媽笑不出來咧？

隊友太豬隊

哈哈哈

沒小嘻！

沒錯，別人的老公都不會讓人失望！
別人的小孩最難教！
這兩句話是不變的真理。
面對老公這種無法再教育的生物，
一個口令一個動作是最簡單的。
千萬不要指望他會主動去做什麼。
想到孩子每次都說喜歡媽媽，
這樣就很開心了。
（爸爸常被忽略哈哈哈）

距離很近，但小孩彷彿跟他無關。

壓力太大 ← 都是自己給的。

嘿,真的沒有一定要什麼都完美。
副食品沒有一定天天想新菜色。
有魚有肉有青菜 或是非得要親自下廚。
我買過寶寶粥和果泥給孩子吃,
她們也吃得很開心喔!
(我也輕鬆得很開心。)

好吃!!

粥

← 隔水加熱
就能吃了!

也沒有人規定一定要餵母乳!!
很多媽媽因為兩粒奶而憂鬱,
或是因為奶量不足而自責,
每天不停擠奶、餵奶、洗擠乳器
忙到沒有時間好好休息。
想停母奶,又開始另一種地獄。
我的2個女兒都是配方奶 BABY,
從她們出生後我就是從容泡奶
保持愉快的好心情:

孩子都看到
笑咪咪的我 →

了了
入

哇!

環境清潔與個人衛生很重要,
但千萬不要是逼死自己的那種!!
奶嘴這種東西,孩子就是吵吵吐吐的,
如果一離開嘴巴就要蓋起來、
一碰到空氣就要消毒,那真的很辛苦啊!
安撫巾不小心掉地上了,就馬上收起來不給他,
孩子找不到安撫巾而大哭,這樣媽媽更痛苦啊!

乖
乖!

雜音太多

從公布自己懷孕開始，來自四面八方的聲音就沒停過。
(不是啦，不是 👻 的聲音，我是指親朋好友。)

不要吃芒果啦！

有沒有喝雞精？

剪刀不要碰！

要不要買魚油。

聽說打無痛不好啊！

大日子不要亂跑！

生完之後，這些聲音並沒有變少。煩死。

什麼時候再生？

有餵母奶嗎？

學步車不能坐！

呃...

下一胎就男的啦！

小孩不要吃奶嘴啦！

給他吃黑鑽片！

面對這些聲音，我都是不會反駁或解釋，
以和為貴嘛～！耳朵和大腦失放空，
然後在對方講完的時候，微笑回「好！」「嗯！」
老實說他根本也不會管你是不是真的去做呀!!
保持好心情，BABY才能接收到正向的情緒！
雜音們就是背景音樂，
媽咪是永遠的主KEY !!!

聽嘸！ ← 選擇性失聰

雜音太多請唯一信仰蘇怡寧醫師的新書！

放不開手

事實 去親子館玩畫畫。

你會讓孩子玩沙、玩石頭嗎？
總是怕髒、怕孩子受傷的媽媽
真的大有人在。以前我看表好的
小孩在籃球場邊爬也會嚇住。
後來我才發現，放手讓孩子去
探索這個世界其實是對的。
用手腳感受草地、沙坑，對他
們來說都是學習。放手之後，
看到孩子的笑容我也開心。

在吃水果的時候，老公總是
潔癖上身，BABY滴下一滴他
就馬上擦。嘴角弄到水果也
馬上處理，最後就用餵的。
累到自己，小孩也不好玩啊！
放手讓孩子快樂進食吧！
看他們彷彿掉進果汁裡，
也滿可愛滿好笑的。

BABY
JUICE

放開手，在一定的原則下，
讓寶寶去體驗這個世界！
寶寶開心，媽媽開心！

3 我是媽媽，我是我自己

一個人要扮演這麼多角色，
一定會有為難的時候。
想扮演好A，也想扮演好B。

人森啊! 就是這麼難啦!

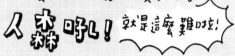

一開始真的很難適應，
但後來了解了這個無法改變的事實，
我不可能辭去任何一個角色不幹，
那就學著去面對吧!（揮揮手）

大部分時候，我好像會自動
扮演好「目前最重要」的那個
角色。例如在家裡的親子時
光，我會很努力陪伴孩子，雖
然老公就在旁邊，但大腦很
自動忽略這個人（喂！不是啦！）
只是暫時排到第2順位這樣。

一次一個角色
比較不累啦

等孩子
睡了再說。

都說是「扮演」了，就沒有所謂
的「做自己」這種屁話。人本來
就很難在其他人面前做自己啊！
所以我很建議每位媽咪都能
有與自己獨處的時間，不用扮
演誰，只跟隨自己的心。

獨處時光真棒的！！

像我以前就有寫手帳的習慣，
那是一種可以跟自己的心對話
的方式。結婚後，寫手帳的時
間變少了。生了小孩就再砍
掉一半時間。但我卻從來沒
讓這個習慣斷掉。自己喜歡
的事，不用因為多了很多人生角
色而放棄掉。

持
續
寫。

正能量
★★★★

寫完後
覺得
又能開心
面對一切了！

一直很喜歡文具的我,也沒有離開文具的世界。雖然大買特買的那種行為不再出現,但文具還是持續少買一下。有空滑手機也都會更新一下文具界的新玩意兒。等孩子大了,我可以馬上接軌文具的領域。也許回到文具店工作也不一定。有些東西,一斷掉就接不太回去了。所以我希望大家都可以一直跟自己喜歡的事物保持接觸。

久久買一次文具好開心!

超厚領包裏是媽媽的奪走取。

喜歡的事物♡

也能保有快樂心情!!

愛小孩,愛家人,不要忘記愛愛自己哦!!

寫作期間，我幾乎每天都在吶喊「這個月要截稿！！！」但是硬生生拖了3個月才真正截稿。就已經火燒屁股、眼看編輯就要把預藏的大刀拿出來架在我脖子上之際，兩個女兒還輪番遭受腸病毒、水痘攻擊。被迫閉關隔離的媽媽我，在家也只能默默享受一打二時光，暫停寫稿。總之，一定要感謝編輯大大的不殺之恩，讓我保住一條小命。

謝謝爸爸媽媽疼愛我三十多年，一直到現在還是不時關心我、運送糧食給我，自己當了媽媽才知道養小孩是多麼不容易。謝謝弟弟乘以二，是我們緊密的手足關係、永遠聊不完的話題，才讓我覺得一定要生第二胎。謝謝神豬級的隊友與兩個女兒帶來又哭又笑又廢到翻白眼的家庭生活，一家四口在一起相處的每一刻就是最棒的題材，那些更多寫不完的故事就暖暖地藏在我們心中吧。

爆笑娘的厭世育兒日誌

你家的豬隊友會比我的神嗎？

作　　者　Mikey（倔強手帳）
社　　長　張瑩瑩
總 編 輯　蔡麗真
美術設計　TODAY STUDIO

責任編輯　莊麗娜
行銷企畫　林麗紅
出　　版　野人文化股份有限公司
發　　行　遠足文化事業股份有限公司
　　　　　地址：231新北市新店區民權路108-2號9樓
　　　　　電話：（02）2218-1417
　　　　　傳真：（02）86671065
　　　　　電子信箱：service@bookrep.com.tw
　　　　　網址：www.bookrep.com.tw
　　　　　郵撥帳號：
　　　　　19504465遠足文化事業股份有限公司
　　　　　客服專線：0800-221-029

讀書共和國出版集團

社　　　　　　長　郭重興
發行人兼出版總監　曾大福
業 務 平 臺 總經理　李雪麗
業務平臺副總經理　李復民
實 體 通 路 協 理　林詩富
網路暨海外通路協理　張鑫峰
特 販 通 路 協 理　陳綺瑩

印　　務　黃禮賢、李孟儒
法律顧問　華洋法律事務所　蘇文生律師
印　　製　凱林彩印股份有限公司
初　　版　2019年10月09日
有著作權・侵害必究
歡迎團體訂購，另有優惠，請洽業務部
（02）22181417分機1124、1135

●特別聲明：有關本書中的言論內容，不代表本公司／出版集團之立場與意見，文責由作者自行承擔

國家圖書館出版品預行編目（CIP）資料

爆笑娘的厭世育兒日誌 / 倔強手帳著. -- 初版. -- 新北市：野人文化化出版：遠足文化發行，2019.10　288面；15×21公分. -- （Graphic time；14）　ISBN 978-986-384-386-3（平裝）　1.育兒　2.親職教育
428
108015884

感謝您購買《爆笑娘的厭世育兒日誌》

姓　名 _____ □女 □男　年齡 _____

地　址 _____

電　話 _____　手機 _____

Email _____

學　歷　□國中 (含以下)　□高中職　　□大專　　　□研究所以上
職　業　□生產 / 製造　　□金融 / 商業　□傳播 / 廣告　□軍警 / 公務員
　　　　□教育 / 文化　　□旅遊 / 運輸　□醫療 / 保健　□仲介 / 服務
　　　　□學生　　　　　□自由 / 家管　□其他

◆你從何處知道此書？
　□書店　□書訊　□書評　□報紙　□廣播　□電視　□網路
　□廣告 DM　□親友介紹　□其他

◆您在哪裡買到本書？
　□誠品書店　□誠品網路書店　□金石堂書店　□金石堂網路書店
　□博客來網路書店　□其他_____

◆你的閱讀習慣：
　□親子教養　□文學　□翻譯小說　□日文小說　□華文小說　□藝術設計
　□人文社科　□自然科學　□商業理財　□宗教哲學　□心理勵志
　□休閒生活 (旅遊、瘦身、美容、園藝等)　□手工藝／ DIY　□飲食／食譜
　□健康養生　□兩性　□圖文書／漫畫　□其他

◆你對本書的評價：(請填代號，1. 非常滿意　2. 滿意　3. 尚可　4. 待改進)
　書名 _____ 封面設計 _____ 版面編排 _____ 印刷 _____ 內容 _____
　整體評價 _____

◆希望我們為您增加什麼樣的內容：
_____
_____

◆你對本書的建議：
_____

廣　告　回　函
板橋郵政管理局登記證
板橋廣字第143號

郵資已付　免貼郵票

野人

23141
新北市新店區民權路108-2號9樓
野人文化股份有限公司 收

請沿線撕下對折寄回

野人

書名：爆笑娘的厭世育兒日誌
你家的豬隊友會比我的神嗎？

書號：GRAPHIC TIMES 014

Mikey's Baby Diary